国际玉米小麦改良中心（CIMMYT）生理育种系列

生理育种Ⅱ：
小麦田间表型鉴定指南

Physiological Breeding Ⅱ:
A Field Guide to Wheat Phenotyping

〔英〕A. 帕斯克　〔阿根廷〕J. 皮特拉加拉
〔澳〕D. 马　伦　〔英〕M. 雷诺兹　编著

景蕊莲 等 译

科学出版社
北　京

图字：01-2014-6435 号

内 容 简 介

《生理育种Ⅱ：小麦田间表型鉴定指南》为《生理育种Ⅰ：多学科联合改良作物适应性》的姊妹篇，两本书均为满足作物研究领域的同行们对大田作物研究的需求而著，其共同主线是提供可靠的表型鉴定理论和方法，涉及的范围从育种到基因挖掘。书中内容均以作者的早期著作《生理学在小麦育种中的应用》为基础。

本书遵循《生理育种Ⅰ》的基础理论，详细介绍了作物的多种表型鉴定方法，重点列举国际玉米小麦改良中心（CIMMYT）常用的田间表型鉴定方法，旨在为精准测量小麦全生育期的生理性状提供指导。本书包括冠层温度、气孔导度和水分相关性状的测定，光谱反射率指数及色素测定，光合作用与光截获、生长发育和农艺等性状的检测技术，以及田间表型鉴定的综合建议。

本书适合从事作物种质资源、作物遗传育种、作物生理学研究的科技工作者，以及大专院校师生阅读参考。

Physiological Breeding II: A Field Guide to Wheat Phenotyping
Edited by Alistair Pask, Julian Pietragalla, Debra Mullan and Matthew Reynolds.
ISBN: 978-970-648-182-5. Copyright © 2011 by International Maize and Wheat Improvement Center (CIMMYT). All rights reserved.
This translation was made from the original version in English edited and published by the International Maize and Wheat Improvement Center (CIMMYT). CIMMYT's name and logo belong to CIMMYT.

图书在版编目（CIP）数据

生理育种Ⅱ：小麦田间表型鉴定指南/（英）A. 帕斯克（Alistair Pask）等编著；景蕊莲等译. —北京：科学出版社，2017.3
书名原文：Physiological Breeding II: A Field Guide to Wheat Phenotyping
ISBN 978-7-03-052047-0

Ⅰ. ①生… Ⅱ. ①A… ②景… Ⅲ. ①植物生理学–应用–小麦–作物育种–研究 Ⅳ. ①S512.103

中国版本图书馆 CIP 数据核字（2017）第 047514 号

责任编辑：王海光 高璐佳 / 责任校对：郑金红
责任印制：张 伟 / 封面设计：刘新新

科学出版社 出版
北京东黄城根北街 16 号
邮政编码：100717
http://www.sciencep.com

北京九州迅驰传媒文化有限公司印刷
科学出版社发行　各地新华书店经销

*

2017 年 3 月第 一 版　开本：787×1092　1/16
2025 年 1 月第三次印刷　印张：11 3/4
字数：270 000

定价：98.00 元

（如有印装质量问题，我社负责调换）

《生理育种Ⅱ：小麦田间表型鉴定指南》译校者名单

译　者（按姓氏汉语拼音排序）：

　　曹新有　山东省农业科学院作物研究所
　　景蕊莲　中国农业科学院作物科学研究所
　　任　勇　绵阳市农业科学研究院
　　王德梅　中国农业科学院作物科学研究所
　　肖永贵　中国农业科学院作物科学研究所
　　朱展望　湖北省农业科学院粮食作物研究所

校　者：

　　胡银岗　西北农林科技大学
　　李　昂　中国农业科学院作物科学研究所

终　审：

　　景蕊莲　中国农业科学院作物科学研究所

译者的话

植物生理学是作物育种的重要理论基础。2012 年我们翻译出版了 M. P. Reynolds 博士等著的《生理学在小麦育种中的应用》，受到广大读者的欢迎。但是，作物生理性状受基因型和环境影响，在不同发育阶段、不同环境条件下表现显著差异。因此，针对各种生理性状的特点，在田间检测时，发育时期、检测的时间点和天气条件的选择，以及仪器设备的正确校准和操作等，对于获得能准确反映作物基因型差异的生理性状测值至关重要。不过，在实际工作中，关于生理性状鉴定的许多方法和技术细节往往被忽视，影响了生理学在育种工作中的有效利用。在 M. P. Reynolds 博士的推荐下，我们又翻译了《生理育种 I：多学科联合改良作物适应性》和《生理育种 II：小麦田间表型鉴定指南》，以期为合理利用生理学的理论和技术提高作物育种效率提供指导。

在翻译这两本书的过程中，我们得到了原书著者 M. P. Reynolds 博士和 CIMMYT 信息部主任 M. Listman 博士及其团队的大力支持。科学出版社的王海光女士是我们上一本译著的责任编辑，她又欣然承接了这两部著作的出版工作，她及其同事高度的责任心和出色的编校令人钦佩。本书出版受国家自然科学基金项目和"十三五"国家重点研发计划项目资助。我们对此表示诚挚的谢意。

本书的绪论由所有译者共同完成，冠层温度、气孔导度和水分相关性状部分（第一～六章）由肖永贵译，光谱反射率指数及色素测定部分（第七～九章）由曹新有译，光合作用与光截获部分（第十一～十三章）由朱展望译，直接生长发育分析部分（第十四～十八章）由王德梅译，作物观测部分（第十九～二十章）、综合建议部分（第二十一～二十二章）和附录由任勇译。曹新有在组织翻译人员及初稿整理方面做了大量工作。胡银岗校对译稿，李昂协助校对，景蕊莲对全书进行终审。

由于我们水平有限，书中难免有不妥和疏漏之处，敬请读者批评指正。

景蕊莲
2017 年 3 月于北京

序

"懂得如何寻找并运用信息是成功的秘诀"——**阿尔伯特·爱因斯坦**

关于谷类作物育种的介绍大多始于绿色革命，这次也不例外。虽然本文不试图叙述作物生理学及抗逆育种的发展历程，但是在此重要的出版物发行之际，几个标志性的事件还是应该被提及的。由于新一代研究者不习惯于阅读任何超过3年的文献，但是我以阅历较长为资本来提供一个简明的视角，因为回顾过往将指引你前进的方向。

20世纪中叶的绿色革命使得小麦和水稻的籽粒产量大幅提高。此次革命是由小麦和水稻育种家推动的，他们通过降低株高以减少倒伏，进而也提高了施氮水平。高粱的"绿色革命"（当时并不是这样定义的）早在几十年前就发生了，同样是通过降低株高来推动的。但其最初目的并不是增产，而是为了使矮秆高粱适应"联合收割机高度"，以便机械收获。这些改变额外地增加了籽粒生产潜力。

一、育种与生理学

谷类作物的绿色革命使人们更加乐观地认识到通过育种的确能够增产，同时也激励着植物生理学家不断地去认识产量的生理基础及其改良方法。由于产量的获得依赖于生长在田间的植物群体，因此产生了作物生理学和产量生理学。人们对玉米和高粱杂种优势的浓厚兴趣及认知的需求也是推动作物生理学发展的另外一动力。

20世纪六七十年代，作物生理学和产量生理学迅猛发展，美国、英国、荷兰、苏联、印度及澳大利亚的研究小组相继出版了大量的书籍和专著。本人学生时代最喜爱的一本书是英国诺丁汉大学伊斯特农业科学学院出版的 *The Growth of Cereals and Grasses*（Milthorpe and Ivins, 1965）。这本书为我们打开了禾谷类作物生理学的大门。

此后，不断有资金资助该类研究，其目的是继续提高谷类作物产量的遗传潜力，同时通过对非生物胁迫抗性的遗传改良来稳定产量。这起初是由澳大利亚、内布拉斯加州和得克萨斯州发起的，主要针对小麦和高粱，不涉及其他作物。1971～1978年，担任堪培拉联邦科学与工业研究组织植物产业部首席的 Lloyd T. Evans 大力支持该组织中杰出的小麦科学家开展作物生理学研究以改良小麦（Evans, 1975）。

洛克菲勒基金会是内布拉斯加州大学的一个综合性的高粱生理和育种研究团队，20世纪70年代初，该团队为美国高粱生理和玉米育种做出了具有实际意义的重大贡献。与此同时，得克萨斯A&M大学作物生理和育种研究人员发现了光周期的遗传和生理基础及温度效应对高粱开花的影响。这是 J. R. Quinby 早期工作的继续，Quinby 为高粱的遗传学和杂交种研究打下了基础。此研究为得克萨斯州拉伯克市的高粱转化项目开辟了道路。该项目将非洲和亚洲的热带高粱转化为温带类型，然后用于杂交高粱的育种，达到了优质高产的目的。这些材料也为研究抗旱主要机制的渗透调节和抗衰老提供了相关基因，后来这些基因在全球范围内被导入杂交高粱。

作物生理学和育种的结合被当时大部分国际农业研究磋商组织（CGIAR）的育种项目采用，不管是较早的还是之后的组织均如此。1972 年，国际半干旱热带作物研究所（ICRISAT）成立，在此之前，印度海得拉巴召开了名为"二十世纪七十年代的高粱"（Sorghum in the Seventies）的会议，作物生理及逆境问题是该会议的主要内容，会议还商榷了国际半干旱热带作物研究所的授权问题。除了一些从事育种工作的生理学家和从事生理研究的育种家之外，其他的育种和生理学研究团队的成果很一般。

提高收获指数在很早以前就被认为是谷类作物绿色革命的生理基础，一般从 20%～30%提高到 40%～50%，具体幅度由作物种类和环境而定。此外还鉴定了与收获指数提高相关的产量构成因素，其中每穗粒数最为关键。然而不幸的是，这些观点使得以增加籽粒数为直接目标的育种工作惨遭失败。例如，单茎秆巨型穗小麦或多小穗高粱等培育工作。作物生理学使育种家意识到谷物的产量形成来源于一个错综复杂的平衡，其中包括产量构成因素的发展、源与库的协调、作物同化作用与同化物运输，它们均与物候和株型相关联。

在上述内容发展的过程中，如同该书的若干章节所体现的一样，针对植物如何利用光能、水分或养分等基本资源的问题，作物生理学家提出了利用效率这一概念。因此，我们有了光能利用效率（RUE）、水分利用效率（WUE）、氮素利用效率（NUE）、磷素利用效率（PUE）。所以通常假设，提高利用效率的育种可以获得更高的产量。效率是任何生产系统中的重要组成部分。然而人们应该牢记，对于作物来讲，效率是一个比率，在给定的投入下获得高产或者在稳定产出的情况下减少投入都可以实现高效。

该书很好地阐述了目前农业研究所面临的严峻挑战，即作物改良需完成两大艰巨任务：①以更快的速度提高增产潜力；②增强对生物和非生物胁迫的抗性。此外，这些挑战以另外一个"绿色革命"为背景，旨在节约成本和减少化学药品的使用。我们知道，人们关注着提高增产潜力的育种，这就需要全面优化作物株型、收获指数、物候、既定季节的发育及作物管理系统，或者说在现代作物生产系统中基本如此。因此，任何作物生产潜力超过平均每年 0.5%～1.0%的大幅提高都一定源于遗传生理学对光合系统的生化过程及功能的介入。植物分子生物学在育种中的重要地位可能最终将在此突显。我们已知专家正在进行将 C3 植物（如水稻）转为 C4 代谢途径的研究。另外一个例子是英国洛桑试验站于2011年提出的"20∶20"计划,其目标是在 20 年内小麦产量达到20t/hm^2。这一雄心勃勃的计划可能主要得依靠分子生物学中先进的基因组学方法不断创新来推动。然而，以往的经验告诉我们，如此宏伟的计划有时会漂移在纯粹的分子和基因组学的领域，而遗忘了他们最初的增产目标。倘若如此艰巨的项目要付诸实践，我大胆地建议将其交予育种家和作物生理学家来领导，确保该项目朝着预期的港口前行，而不是迷失在一座美丽的岛屿中。

二、胁迫、干旱与抗热性

我们认识到谷类的地方品种可以作为非生物逆境抗性种质资源，我们也因此而将其利用。这些材料是经农民在田间反复筛选，并在历史的干旱年份中存活下来的。这与科学无关,仅仅是长时间积累和他们生计所迫。这些农家种对非生物胁迫的抗性早已形成,我们现在只是试图改良它们,使其更有效。

在农业科技化时代,最初致力于抗旱研究的少数育种家,如科罗拉多州小麦育种家 Robert Gaus 和艾奥瓦州玉米育种家 M. T. Jenkins 都工作于 20 世纪早期。最早以作物生理学解析抗旱性的是来自华盛顿美国农业部谷类作物和病害办公室的 J. H. Martin(1930)。

当时为这些育种家的工作提供技术支撑的生理学知识很少。植物非生物胁迫在小麦育种项目中通常被简单地认为是众多复杂问题的集合,导致在特定年份和地区的减产。当某年某地减产时,植物表型被记录下来。当时小麦育种"圣经"的资深作者 L. P. Reitz 称:"育种家信奉田间记录簿上的产量柱"(Reitz and Quisenberry, 1967)。天平是最重要的表型分析工具。这并没有忽视丰产和抗逆的谷类作物品种仍被改良的事实。

20 世纪初以来,许多大田育种家假设,高产潜力可获得持续的产量,且这一假设在所有的逆境条件下均适用。基因型与环境互作被认为是一件令人烦恼的事情。当环境引起的育种材料的变异难以说清时,多年多点的产量数量遗传学和大田试验的统计分析成为旱地作物育种最重要的工具。为了鉴定在所有环境中均表现良好的高产基因型,增加多年多点的大田试验次数是旱地作物育种非常必需的。因此这充分解释了为什么植物育种经常被描述成"数字游戏"。在付出了巨大的代价后,数量就以某种方式转变为质量。直到后来,植物育种家开始探寻基因型与环境互作的可能原因,并与生理学家一起寻求特定逆境下的基因型改良方法。Kenneth J. Frey 在艾奥瓦州立大学主要从事燕麦研究,其研究得出了颇具影响力的论点,即抵御不同的逆境可能需要特定的品种,而全生育期均表现抗性的品种是罕见的。我相信他的工作和出版物是转变当时植物育种观念的范例。现在我们承认高产潜力对逆境下的产量具积极作用,但却是有限的。

Ashton(1948)发表的植物生理学在抗旱育种中的应用可能是第一次具有现实意义的尝试,书中包含很多详细的方法,尽管有些在今天看来不太现实。Jacob Levitt 出版的第一本书是非生物逆境胁迫生理和育种领域的总体飞跃(Levitt, 1972),书中汇编了该领域科学研究的成果,并首次提出了衡量逆境和植物抗逆性的相关逻辑定义及有效方法。之后又相继出版了许多书籍和综述。植物非生物胁迫和抗性的扩展研究包括一些里程碑式的会议,例如,汤普森研究所于 1977 年组织的会议(Mussell and Staples, 1979),汇集了当时世界范围内该领域的专业知识,并对那个时期的抗旱及改良问题交换了意见。渗透调节首次在小麦育种中被发现之后,其对抗旱性的价值受到了人们的关注。该书告诉我们,对小麦及其他作物的非生物胁迫抗性育种正在逐步形成广泛共识。

三、结 语

该书已经在之前版本的基础上发展成熟,前一版也得到了国际玉米小麦改良中心的赞助(Reynolds et al., 2001)。虽然新的版本有了长足的进步,但是早期版本仍然值得小麦育种家借鉴,因此也应被保留下来。

针对该主题,我在自己所写的书(Blum, 2011)中指出,许多育种家在将抗旱育种纳入其育种项目上表现出明显的欠缺。他们中的大多数人不清楚目标环境下的理想株型、干旱表型分析的方案及选择所用的方法。简言之，许多人感到无法胜任水分亏缺条件下的抗旱育种工作。我们也清楚地看到，尽管目前植物基因组学和分子标记技术取得了长足的进步，但许多育种家仍然热衷于在田间对整个植物体进行研究。因此，该书是对当代小麦乃至其他谷类作物育种工作的卓越贡献。

同时，对于那些有时被错误的抗逆表型鉴定方法所困惑的分子生物学家来说，该书也具有一定的参考价值。该书还阐明了通过盆栽检测已改良的基因型及转入大田试验的正确途径。因此，该书是所有作物改良工作者的指南手册。

生理学家认为生理学方法在育种中的应用有时是不完善的，理解这一点非常重要。例如，利用压力室评估叶片水势会因特殊叶片样品的渗透调节速率而产生偏差。该方法的大多数使用者在田间并不考虑这一点。用于估测叶片水分状况的冠层温度会因不同品种的冠层结构而产生偏差。我们很少把这些因素考虑进去。然而，严谨的生理学家应该意识到，在大群体的筛选工作中远离核心的考虑，除了精确性以外，便是方案的简便快捷。育种家最感兴趣的是在合理的概率和成本条件下缩小群体，从而得到理想的基因型，即便这样的方案在完美主义的生理学家眼里还是有缺陷的。例如，用红外测温仪测定小麦冠层温度，由于冠层结构的影响而产生的差异可能在1℃左右，而在中午，因干旱胁迫而产生的差异可以达到5℃以上。

最后，该书的重要性不仅在于其对小麦育种的生理学基础和方法论进行了详细讲解，而且还将生理学与可能的理想株型关联起来，然后再与筛选所需的方法相联系。这恰恰是育种学家针对特殊环境进行育种工作的困难所在。

Abraham Blum
Plantstress.com
PO Box 16246, Tel Aviv, Israel
Email: ablum@plantstress.com

参 考 文 献

Ashton, T. (1948) *Techniques of breeding for drought resistance in crops*. Cambridge; Commonwealth Bureau of Plant Breeding and Genetics, Technical Communication No.14.

Blum, A. (2011) *Plant breeding for water limited environments*. New York; Springer.

Evans, LT. (1975) *Crop Physiology: Some Case Histories*. Cambridge University Press.

Levitt, J. (1972) *Responses of plants to environmental stresses*. New York; Academic Press.

Martin, JH. (1930) The comparative drought resistance of sorghums and corn. *Agronomy Journal* 22, 993–1003.

Milthorpe, FL. and Ivins, JD. (1965) *The growth of cereals and grasses*. London; Butterworths.

Mussell, H. and Staples, RC. (1979) *Stress physiology in crop plants*. New York ; John Wiley & Sons Inc.

Reitz, LP. and Quisenberry, KS. (1967) *Wheat and wheat improvement* (Agronomy No. 13). Madison; American Society of Agronomy.

Reynolds, MP., Ortiz-Monasterio, JI. and McNab, A. (2001) *Application of physiology in wheat breeding*. Mexico, D.F.: CIMMYT.

（李　龙 译）

前　　言

《生理育种Ⅰ：多学科联合改良作物适应性》和《生理育种Ⅱ：小麦田间表型鉴定指南》这两本书的问世是为了满足全世界作物研究领域的同行对大田作物的研究需求，所涉及的范围从育种到基因挖掘。其共同主线是提供可靠的表型鉴定方法，可应用于以下领域：

- 表征具有潜力的亲本以便进行更多的战略性杂交
- 筛选早期的后代以使群体富含理想等位基因
- 探索种质资源中有价值的生理性状以扩大作物育种中常用的基因库
- 设计较大的试验群体并进行表型分析，促进基因挖掘
- 在机械研究中实现试验控制（如组学平台）
- 设计表型组学平台

笔者依据所列出的这些想法撰写了这两本书，提供了一些育种家及其他作物研究人员力图在自己的项目中应用的可靠表型鉴定方法及有用信息。本书描述了作物必须适应的环境因素关系中表型鉴定方法的选择标准，以及最适宜的有效工具。它们以国际玉米小麦改良中心的早期著作《生理学在小麦育种中的应用》中所讲述的知识和方法为基础。

M. 雷诺兹
国际玉米小麦改良中心
小麦生理学带头人

致　　谢

作者衷心感谢如下机构/部门/项目等对生理育种计划的大力支持：

- 澳大利亚谷物研究与开发公司（GRDC）
- 美国国际开发署（USAID）
- 墨西哥传统农业可持续现代化项目（MasAgro）
- 南亚粮食系统计划（CSISA）
- 德国联邦经济合作与开发部（BMZ）
- 墨西哥世代挑战项目（GCP）

国际玉米和小麦改良中心以其西班牙语首字母缩写 CIMMYT®（www.cimmyt.org）而闻名，是一个非营利的研究和培训组织，在 100 多个国家拥有合作伙伴。该中心致力于可持续地提高玉米和小麦系统的生产力，从而确保全球粮食安全并减少贫困。该中心的产出和服务包括改良的玉米和小麦品种与种植制度，保存玉米和小麦遗传资源，以及能力建设。CIMMYT 隶属于国际农业研究磋商组织（CGIAR）（www.cgiar.org），并由其资助，同时也得到来自国家政府、基金会、开发银行和其他公共和私营机构的支持。CIMMYT 特别感谢这些慷慨持续的资助，使本中心多年来保持高效良好的运行。

封面照片（从左上角开始）：

- 使用红外测温仪测量冠层温度（Alistair Pask 提供）
- 使用手持气孔计测量气孔导度（Mary Attaway 提供）
- 使用美能达（Minolta）SPAD-502 叶绿素仪测定叶片叶绿素含量（Julian Pietragalla 提供）
- 使用手持式计数器测量光截获量（Julian Pietragalla 提供）
- 使用拖拉机液压取样土钻采集土样（Alistair Pask 提供）
- 新墨西哥麦田里的育种专家（Petr Kosina 提供）

目 录

绪论 1
 第一篇 冠层温度、气孔导度和水分相关性状 1
 第二篇 光谱反射率指数及色素测定 2
 第三篇 光合作用与光截获 2
 第四篇 直接生长发育分析 3
 第五篇 作物观测 3
 第六篇 综合建议 3
 参考文献 8

第一篇 冠层温度、气孔导度和水分相关性状

第一章 冠层温度 11
 （一）地点及环境条件 11
 （二）时间 11
 （三）植物发育阶段 12
 （四）每个小区样本量 12
 （五）步骤 12
 （六）测定建议 13
 （七）使用"第六感LT300"的详细建议 15
 （八）准备工作 16
 （九）试验测定 16
 （十）测定完成 16
 （十一）校准 16
 （十二）数据和计算 16
 （十三）故障排除 17
 延伸阅读 17
第二章 气孔导度 18
 （一）地点及环境条件 19
 （二）时间 19
 （三）植物发育阶段 19
 （四）每个小区样本量 19
 （五）步骤 20
 （六）测定建议 20
 （七）准备工作 20
 （八）试验测定 20
 （九）数据和计算 21
 （十）故障排除 21

  延伸阅读 21
 第三章　叶片水势 23
  （一）地点及环境条件 23
  （二）时间 23
  （三）植物发育阶段 23
  （四）每个小区样本量 24
  （五）步骤 24
  （六）测定建议 24
  （七）准备工作 24
  （八）试验测定 25
  （九）温室测定 26
  （十）数据和计算 26
  （十一）故障排除 26
  延伸阅读 27
 第四章　渗透调节 28
  （一）地点及环境条件 28
  （二）时间 28
  （三）植物发育阶段 29
  （四）每个小区样本量 29
  （五）步骤 29
  （六）测定建议 29
  （七）准备工作 30
  （八）温室测定 30
  （九）田间测定 31
  （十）实验室测定 31
  （十一）数据和计算 31
  （十二）故障排除 32
  参考文献 32
  延伸阅读 32
 第五章　叶片相对含水量 33
  （一）地点及环境条件 33
  （二）时间 33
  （三）植物发育阶段 33
  （四）每个小区样本量 34
  （五）步骤 34
  （六）测定建议 34
  （七）准备工作 34
  （八）田间测定 34
  （九）实验室测定 34
  （十）数据和计算 35
  （十一）试验样例（表5.1） 35
  （十二）故障排除 36

参考文献 ·· 36
　　延伸阅读 ·· 36
第六章　碳同位素分辨力 ·· 37
　　（一）地点及环境条件 ·· 37
　　（二）时间 ·· 37
　　（三）植物发育阶段 ··· 37
　　（四）每个小区样本量 ·· 38
　　（五）步骤 ·· 38
　　（六）测定建议 ·· 38
　　（七）准备工作 ·· 38
　　（八）试验测定 ·· 38
　　（九）实验室测定 ··· 38
　　（十）质谱法分析碳同位素 ·· 39
　　（十一）数据和计算 ··· 39
　　（十二）故障排除 ··· 40
　参考文献 ·· 40
　延伸阅读 ·· 40

第二篇　光谱反射率指数及色素测定

第七章　光谱反射率 ··· 43
　　（一）地点及环境条件 ·· 44
　　（二）时间 ·· 44
　　（三）植物发育阶段 ··· 44
　　（四）每个小区样本量 ·· 44
　　（五）步骤 ·· 44
　　（六）测定建议 ·· 45
　　（七）准备工作 ·· 45
　　（八）初始测定 ·· 45
　　（九）试验测定 ·· 45
　　（十）数据和计算 ··· 46
　　（十一）故障排除 ··· 48
　延伸阅读 ·· 48
第八章　归一化植被指数 ·· 49
　　（一）地点及环境条件 ·· 49
　　（二）时间 ·· 50
　　（三）植物发育阶段 ··· 50
　　（四）每个小区样本量 ·· 50
　　（五）步骤 ·· 50
　　（六）测定建议 ·· 50
　　（七）准备工作 ·· 51
　　（八）试验测定 ·· 51
　　（九）测定完成 ·· 51

（十）数据和计算 ·· 52
　　（十一）故障排除 ·· 52
延伸阅读 ·· 53

第九章　叶绿素含量 ··· 54
　　（一）地点及环境条件 ·· 54
　　（二）时间 ·· 54
　　（三）植物发育阶段 ··· 54
　　（四）每个小区样本量 ·· 54
　　（五）步骤 ·· 55
　　（六）测定建议 ··· 55
　　（七）准备工作 ··· 56
　　（八）初始测定 ··· 56
　　（九）试验测定 ··· 56
　　（十）数据和计算 ·· 56
　　（十一）故障排除 ·· 57
延伸阅读 ·· 57

第三篇　光合作用与光截获

第十章　作物地面覆盖度 ··· 61
一、试验规划 ·· 61
　　（一）地点及环境条件 ·· 61
　　（二）时间 ·· 61
　　（三）植物发育阶段 ··· 61
　　（四）每个小区样本量 ·· 62
　　（五）步骤 ·· 62
　　（六）测定建议 ··· 62
二、目测法 ·· 62
三、数字图像分析法 ··· 63
　　（一）准备工作 ··· 63
　　（二）试验测定 ··· 63
　　（三）图片处理 ··· 64
　　（四）软件 ·· 64
　　（五）界面设置 ··· 64
　　（六）创建、记录并测试一个"操作" ·· 65
　　（七）运行DGC运算程序 ··· 68
　　（八）图像自动批量处理 ·· 69
　　（九）数据处理 ··· 69
　　（十）范例 ·· 70
　　（十一）故障排除 ·· 70
延伸阅读 ·· 70

第十一章　光截获 ··· 71
　　（一）地点及环境条件 ·· 71

    （二）时间 ·· 71
    （三）植物发育阶段 ·· 71
    （四）每个小区样本量 ·· 72
    （五）步骤 ·· 72
    （六）测定建议 ·· 72
    （七）准备工作 ·· 72
    （八）试验测定 ·· 74
    （九）数据和计算 ··· 74
    （十）故障排除 ·· 75
  参考文献 ·· 75
  延伸阅读 ·· 75
第十二章　叶面积、绿色面积与衰老 ··· 76
  一、试验规划 ··· 76
    （一）地点及环境条件 ·· 76
    （二）时间 ·· 76
    （三）植物发育阶段 ·· 77
    （四）每个小区样本量 ·· 77
  二、用自动面积测定仪进行损伤性测量 ··· 77
    （一）步骤 ·· 77
    （二）测定建议 ·· 77
    （三）准备工作 ·· 79
    （四）实验室测定 ··· 79
  三、无损测量 ··· 79
    （一）步骤 ·· 79
    （二）测定建议 ·· 80
    （三）LAI 和/或 GAI 评分 ·· 80
    （四）植株衰老的试验评价 ··· 80
    （五）数据和计算 ··· 81
    （六）故障排除 ·· 81
  延伸阅读 ·· 81
第十三章　气体交换与叶绿素荧光 ··· 82
  一、试验规划 ··· 83
    （一）地点及环境条件 ·· 83
    （二）时间 ·· 83
    （三）植物发育阶段 ·· 83
    （四）每个小区样本量 ·· 83
    （五）步骤 ·· 83
  二、叶绿素荧光测定 ··· 84
    （一）测定建议 ·· 85
    （二）准备工作 ·· 85
    （三）试验测定 ·· 85
    （四）测定完成 ·· 86

三、气体交换测定 86
    （一）测定建议 87
    （二）准备工作 88
    （三）试验测定 88
    （四）测定完成 89
    （五）数据和计算 89
    （六）故障排除 90
参考文献 90
延伸阅读 90

第四篇　直接生长发育分析

第十四章　关键生育期的确定 93
    （一）地点及环境条件 94
    （二）时间 94
    （三）植物发育阶段 94
    （四）每个小区样本量 95
    （五）步骤 95
    （六）测定建议 95
    （七）小麦生育时期 98
    （八）故障排除 98

第十五章　当季生物量测定 100
    （一）地点及环境条件 100
    （二）时间 100
    （三）植物发育阶段 100
    （四）每个小区样本量 100
    （五）步骤 101
    （六）测定建议 101
    （七）准备工作 102
    （八）田间测定 102
    （九）实验室测定 103
    （十）数据和公式 104
    （十一）故障排除 104

第十六章　水溶性碳水化合物含量 106
    （一）地点及环境条件 106
    （二）时间 106
    （三）植物发育阶段 106
    （四）每个小区样本量 107
    （五）步骤 107
    （六）测定建议 107
    （七）准备工作 108
    （八）田间测定 108
    （九）实验室测定 108

（十）分析 ··· 108
　　（十一）蒽酮法测定 WSC 含量 ·· 109
　　（十二）使用校准曲线的近红外反射光谱法 ··························· 109
　　（十三）数据和计算 ··· 109
　　（十四）故障排除 ·· 109

第十七章　测定水分、养分和根系含量的土壤取样 ··············· 111
　　（一）地点及环境条件 ·· 111
　　（二）时间 ··· 111
　　（三）植物发育阶段 ··· 111
　　（四）每个小区样本量 ·· 111
　　（五）步骤 ··· 112
　　（六）测定建议 ··· 112
　　（七）准备工作 ··· 113
　　（八）田间测定 ··· 113
　　（九）实验室测定 ·· 114
　　（十）数据和计算 ·· 118
　　（十一）故障排除 ·· 119

第十八章　籽粒产量及其构成因素 ······································ 121
　一、试验规划 ··· 121
　　（一）地点及环境条件 ·· 121
　　（二）时间 ··· 121
　　（三）植物发育阶段 ··· 121
　　（四）每个小区样本量 ·· 121
　　（五）步骤 ··· 122
　　（六）田间测定 ··· 122
　二、方法 A：全生物量收获 ··· 123
　三、方法 B：二次抽样收获 ··· 124
　四、方法 C：减少脱粒的收获 ·· 125
　五、测定产量构成因素 ··· 127
　　（一）收获前的测量 ··· 127
　　（二）收获样品的测量 ·· 128
　　（三）收获数据的计算 ·· 129
　　（四）故障排除 ··· 130

第五篇　作物观测

第十九章　作物形态特征 ··· 133
　　（一）地点及环境条件 ·· 133
　　（二）时间 ··· 133
　　（三）植物发育阶段 ··· 133
　　（四）每个小区样本量 ·· 133
　　（五）步骤 ··· 134
　　（六）性状测量 ··· 134

（七）性状观察 ………………………………………………………………………… 136
　　（八）故障排除 ………………………………………………………………………… 140
第二十章　季节性损害的观测 …………………………………………………………… 141
　　（一）地点及环境条件 ………………………………………………………………… 141
　　（二）时间 ……………………………………………………………………………… 141
　　（三）植物发育阶段 …………………………………………………………………… 141
　　（四）每个小区样本量 ………………………………………………………………… 141
　　（五）步骤 ……………………………………………………………………………… 142
　　（六）测定建议 ………………………………………………………………………… 142
　　（七）试验测定 ………………………………………………………………………… 142
　　（八）故障排除 ………………………………………………………………………… 144

第六篇　综合建议

第二十一章　良好田间操作的通用建议 ………………………………………………… 149
　　（一）种质生理性状试验设计 ………………………………………………………… 149
　　（二）取样和样品选择 ………………………………………………………………… 150
　　（三）进行测量和观察 ………………………………………………………………… 151
　　（四）田间调查表和田间地图 ………………………………………………………… 152
　　（五）作物、地点和环境信息记录 …………………………………………………… 152
第二十二章　常用仪器介绍 ……………………………………………………………… 156
　　（一）正确使用仪器 …………………………………………………………………… 156
　　（二）样品干燥 ………………………………………………………………………… 156
　　（三）样品的精确称量 ………………………………………………………………… 157
　　（四）常用的量程和单位 ……………………………………………………………… 159
　　（五）仪器型号建议 …………………………………………………………………… 159

附录一　术语表 …………………………………………………………………………… 161
附录二　缩略词 …………………………………………………………………………… 164

绪　论

Matthew Reynolds, Alistair Pask, Julian Pietragalla

　　本书介绍了作物应用研究的多种表型鉴定技术，重点列举国际玉米小麦改良中心（CIMMYT）常用的田间表型鉴定方法。本书遵循《生理育种Ⅰ——多学科联合改良作物适应性》（以下简称《生理育种Ⅰ》）介绍的理论，旨在为精确可靠地测量小麦全生育期的生理性状提供指导。

第一篇　冠层温度、气孔导度和水分相关性状

　　这些性状主要涉及植物固碳过程中蒸腾水分的需求（见《生理育种Ⅰ》第六章）。冠层温度（CT）和碳同位素分辨力（CID）已广泛用于抗逆育种，其检测植物冠层中多个植株的整体效应，因此减少了植株之间或者叶片之间差异造成的生理性状误差。在热和干旱胁迫条件下，"冷型"CT与籽粒产量呈显著正相关，生理（Lopes and Reynolds, 2010）和遗传（Pinto et al., 2010）研究都表明，这种相关主要源于"冷型"CT与根系/导管输导能力的关系。然而，由于CT对环境很敏感，必须在晴朗和低风速的天气条件下，方可获得可靠的数据。在植物发育早期，通常将非胁迫叶片上测定的CID作为蒸腾效率（TE）的选择指标，因为在非常有限的水分条件下，小麦一生中早期节省的水分对于补偿灌浆期的水分不足至关重要（Condon et al., 2004）。事实上，植物任何组织的CID信号都反映了其生长发育过程中组织内部平均的二氧化碳浓度。因此，当测定不同品种籽粒的CID时，尤其是受水分胁迫作物的籽粒，CID反映的是其自身的相对含水量而不是水分利用效率。因此，解释CID数据时必须考虑作物生长的环境及其基因型效应，基因型效应主要影响品种自身可用的水分数量及其气孔的响应。尽管CID数据具有较好的参考价值，但是测量CID的成本大于CT或气孔导度（SC），并且需要通过质谱仪来完成。

　　气孔导度也被建议作为一种选择方法，如果测量了一个冠层中多个植株的气孔导度，其效果相当于CID或者CT（Condon et al., 2008）。气孔导度检测仪器的效率不如红外测温仪，其检测速度比CT慢得多（需要重复检测多个叶片），同时检测气孔导度必须直接接触叶片，可能会影响极为敏感的气孔。不过气孔导度测定结果可重复性强，能够在田间实时检测气孔性能，无需破坏植物组织或者带回实验室内处理。叶片水势（LWP）的测定比气孔导度耗时更长，不是高通量的技术。但是白天测量LWP能得到明确的叶片水能状态，黎明前的测量结果则反映了基因型根系活动区域的土壤水势。因此，LWP是一个用于估计作物和土壤水能状态的重要而精确的指标，虽然测定时比较辛苦，但是它可提供有用的参考数据。叶片相对含水量是估计水合状态的替代指标，检测该性状不需要专门的仪器，也不涉及昂贵的取样成本，但测定结果往往不太精确，可能是由于涉及的称重步骤较多，产生了误差。渗透调节（OA）不能直接测量，因为根区

的水势必须以标准目标进行控制（这在很大程度上排除了土壤剖面的影响，因为根系深度会影响 OA 的表达）。OA 值是植物组织和细胞抗脱水的反应，因为即使在不利的水势梯度环境条件下该值也反映了保水性，所以，OA 值意味着干旱条件下植物维持根系生长的能力（Morgan and Condon，1986）。

第二篇　光谱反射率指数及色素测定

可见及近红外波长的光谱反射率（SR）技术能快速简便地应用于大田调查，为非损伤性检测，小区面积可以更小（降低成本），并可在同一作物区域进行多次的重复测量。许多推算的 SR 指数可以反映作物在植被、色素和含水量等一系列特性方面的遗传多样性（见《生理育种 I》第七章）。水分指数及较小程度上的植被指数已显示出与作物表现具有最可靠的相关性（Babar et al.，2006; Guttierrez-Rodriguez et al.，2010）。专用测量仪"GreenSeeker"（Hand Held Sensor Unit，2002 Ntech Industries，Inc.，Ukiah，CA，USA）的出现，促进了大田植被指数的高通量筛选，而检测水分指数的仪器还在研发中（ML. Stone，俄克拉荷马州立大学，私人通信）。尽管如此，辐射测量仪的单一测量可以提供许多潜在有用的性状信息，使其成为一个有用的投资方向。辐射测量的主要缺点在于，其必须在高太阳角下进行操作，以避免其他因素的影响。

叶片叶绿素含量可以用许多专用设备直接测量，最常见的是简单易用的手持式 SPAD 仪（Spectrum Technologies Inc.，Plainfield，IL，USA）。SPAD 和 GreenSeeker 都具有内置光源（"主动型"传感器），因此可以在任何条件下使用。

第三篇　光合作用与光截获

光合速率是作物产量形成的主要驱动力。利用红外气体分析（infrared gas analysis，IRGA）直接测量气体交换的方法可在田间定量检测叶片水平的光合速率。但是该方法耗时长，需要昂贵的设备，并且测量结果不具有整体性，因为一次仅测量一个叶片/器官（见《生理育种 I》第八章）。尽管光饱和旗叶的光合速率与产量相关，但其他易测量的性状，如冠层温度（CT）和气孔导度同样与产量具有较好的相关性（Fisher et al.，1998）。叶绿素荧光的测量比气体交换要快速，并已被证明可以解释作物表型的遗传变异（Araus et al.，1998）；然而，由于其测量方法尚不够简便，至今未能在育种工作中作为常规项目得以应用。

在没有其他限制因子存在的情况下（即在相对高产的环境条件下），作物的生长发育受光照的限制。因此，从作物尚未完全覆盖地面的早期阶段到冠层叶片衰老的发育晚期，都可以测量光截获，以此作为小区光合能力的替代性状。而现代的光谱学指标，如归一化植被指数（NDVI），可以更可靠地估计绿色面积（Lopes and Reynolds，2012）。叶面积指数（LAI）或绿色面积指数（GAI）是估计冠层光捕获能力的精确方法，尽管在 LAI 大于 3 时，光截获将趋于饱和，但冠层叶片的分布仍然会影响辐射利用效率（RUE）（Parry et al.，2011）。植株早期的快速地面覆盖是其适应逆境的有益性状，如可以减少土壤水分蒸发（Mullan and Reynolds，2010）。通过相机拍摄的数字图像可以分析该性状，并可对大量的群体进行快速、低成本的筛选。

第四篇　直接生长发育分析

采用已有的研究方法，可以评价几个与生长相关的性状，并有效分析遗传差异，如用光谱反射率（SR）指数估计当季生物量，用冠层温度（CT）评价根系容量，甚至在大多数环境下同时利用以上两种方法能够很好地估计产量。但是只有直接测量才能得到绝对值，本部分概述了生长分析的取样方法。其中包括籽粒产量及其构成因素的精确测定，因为这些性状最终反映了很多所描述性状及其与环境条件交互作用的净效应。生长分析还应该包括对茎秆中水溶性碳水化合物含量的评估，因为其是保留和储存碳水化合物的主要器官，对胁迫条件下的籽粒灌浆尤为重要。这部分内容还介绍了根系和土壤的取样方法，据此可以更好地认识植株与水分的关系（见《生理育种Ⅰ》第九章）。同时还介绍了确定关键生育期的方法，这是正确解释生理数据的先决条件（见《生理育种Ⅰ》第十章）。

第五篇　作物观测

一些解剖学和形态学性状与产量的遗传增益相关，包括高产条件下的直立叶片（Fischer，2007），非生物胁迫下的蜡质和绒毛（Reynolds et al.，2009），以及干旱条件下较长的穗下节（Acevedo et al.，1991）。这些性状可以快速测量或通过肉眼观察。实际上，视觉评估能够用于几乎所有解剖或形态性状，如评估倒伏、霜冻或冰雹损失的影响。

第六篇　综合建议

该部分的目的是提供可供选择的小建议，以提高生理性状测量的精确度，同时避免常见错误，以免降低数据质量或浪费资源。这部分还介绍了相关仪器及其正确的使用方法，最后列出了专用的术语表。

为了帮助读者理解，提供以下三个汇总表。

1）小麦表型鉴定技术概览——列举生理性状的测量方法、测量原因，以及各种方法的优缺点（表1）。

2）各种表型鉴定技术所需的条件——列举所需的仪器和资源条件（考虑成本和时间），以及推荐的试验环境（表2）。

3）表型性状测量时间表——提供可视化的指南，列出在作物生育期内适于测量不同性状的最典型生长发育阶段，并指出不建议检测性状的时期（表3）。

表 1 小麦表型鉴定技术概览

测量性状	生理特性	测量特性的原因	测量手段的优点	测量手段的缺点
1. 冠层温度	冠层表面蒸腾降温	在栽培条件下与多种生理因子存在关联，如气孔导度、植株水分状态、根系和产量表现	综合反映群体性能表现；测定过程简便易行；低成本；非接触	对环境空气流动敏感；受日间时间和物候期影响；仪限于点测定
2. 气孔导度	气孔孔径	气体交换能力；蒸腾速率；热胁迫适应性；判断根系活力的区域性土壤水势	较气孔活力测定快；明确测定叶片水势	气孔对操作敏感；要求高压强；要求昼夜连续测定
3. 叶片水势	叶片水分状态	适应水分胁迫	所需样品少；技术相对简单	需要实验室设备，测定时需要渗透压测量仪器；要求控制土壤水分含量
4. 渗透调节	维持细胞膨压和水化的溶质浓度	气孔功能依赖于膨压、光合系统功能和水相对分胁迫	测定简便，低成本，技术要求低	需要半微量分析天平（毫克级）
5. 叶片相对含水量	叶片水化作用状态	适应水分胁迫		需要半微量分析天平（毫克级）
6. 碳同位素分辨力	综合评估气孔开度	评价水分吸收和蒸腾效率（TE）	较早鉴定叶片样品的蒸腾效率；可重复性测定样品；日综合性地评估籽粒样品	数据分析复杂；样品分析需要专门设备
7. 光谱反射率	植被、色素及水分指数	评估绿色生物量、叶面积指数（LAI）、光合势及植物水分状态	所有的指标均可单一体化；无损伤	数据分析复杂；传感器相对昂贵
8. 归一化植被指数	冠层大小、植被绿度	评估早期地面覆盖、光合势、光合能、养分缺乏、持绿性	快速简便低成本测量；一体化；无损伤	被动探头受限于良好光照条件（可以用"主动型"探头解决）
9. 叶绿素含量	绿色组织的叶绿素含量	表明了光合势、胁迫效应、持绿性	快速简便低成本测量；无损伤	仅是点测量
10. 地面覆盖度	早期长势（绿色面积和生物量）	早期辐射截获；减少土壤水分蒸发的早期评估	快速简便低成本测量；一体化；非损伤	地面覆盖度的数字化处理需要相关软件和图片处理技能
11. 光截获	冠层的光截获	可计算绿色面积指数（GAI）和冠层消光系数（K）与冠层结构相关	快速；非损伤	对环境空气流动敏感；受日间时间和物候期影响
12. 叶面积指数、绿色面积指数和衰老	具有光合能力叶片和冠层的面积	与光截获、光合能、蒸腾表面积和生物量相关	测量简单，绝对测量	通常进行破坏性取样；叶面积仪检测速度慢
13. 气体交换（用于光合作用）	叶片、植株和穗子的光合作用和呼吸作用	与其相关的性状包括籽粒的光合作用，光谱力，热胁迫应能，温度和光照等对环境因子（如二氧化碳和水蒸气的浓度、温度和光照）进行精确控制	叶室可对环境因子（如二氧化碳和水蒸气的浓度、温度和光照）进行精确控制	仅适用于精准表型鉴定，不适用于大规模的鉴定；试者需严格培训

绪　论 | 5

续表

测量性状	生理特性	测量特性的原因	测量手段的优点	测量手段的缺点
14. 叶绿素荧光	F_V/F_M、PSⅡ量子产量（$\Phi_{PSⅡ}$）、非光化学淬灭、光响应曲线、电子传递速率	测定光合器官的状态	与气体交换光合系统测量相比，更快速简便；特别适于大群体和植株响应胁迫的鉴定	对测试者的培训很重要
15. 确定关键发育阶段	作物发育阶段	最佳取样时间的基本条件：发育速度	相对快捷，易于观察	观察具有主观性，必须培训
16. 当季生物量	作物生长及生长速率	用于计算辐射利用效率（RUE）；显示光合效率；植株器官间的分配	综合的；绝对测量	费时费力；需大容量的烘箱
17. 水溶性碳水化合物	茎秆中碳水化合物（糖类）的积累	用于计算茎秆碳水化合物的贮存能力（为籽粒灌浆做贡献）	可以结合生物量取样；方法简单	茎秆碳水化合物被呼吸作用快速消耗，样品应尽快处理；样品分析需要专门设备
18. 测定土样的水分含量	土壤含水量，水分吸收	作物水分吸收；计算生物量和籽粒产量在土壤水分水平上的水分利用效率（WUE）	直接测定土壤含水量和作物吸水量	手工取土费力；土壤结构不均匀，需多次取样
19. 测定土样的根系含量	根系特性	作物根系与其水分、养分吸收的关系	评估田间种植作物	同上；并冲洗根系的冲洗和准备扫描比较费力
20. 籽粒产量	籽粒产量	籽粒产量是所有生理过程推断籽粒产量	综合的；绝对测量	费力，需要收获和脱粒机械
21. 籽粒产量因素	作物生产力：决定籽粒产量	用数字化的构成因素推断籽粒产量	将籽粒产量与生理过程联系起来	费力
22. 作物形态性状	可观察的：蜡质、卷曲、绒毛、厚度、角度、方位和姿态。可测量的：长度（穗下节、叶片和芒）和株高	在光热/干旱胁迫下的光保护适应性状；提供作物冠层结构和倒伏风险信息	测量快速，简便、低成本，不需要仪器，无损伤	观察具有主观性，因此需要培训
23. 季节性危害	气候病害引起的穗尖枯萎、倒伏	为解释籽粒表现提供有用信息，且有助于数据解析	只需观察，无需仪器	观察具有主观性，因此需要培训

表 2 各种表型鉴定技术所需的条件

测量性状	仪器	仪器单价（美元）	单个小区的大田测量时间	单个小区的实验室处理时间	单个小区的数据处理时间	代表的主要环境
冠层温度	红外测温仪	150~500	+	无	+	全部
气孔导度	气孔计	2 500~4 000	++++	无	+	灌溉/热胁迫
叶片水势	Scholander 压力室	2 500~5 000	+++	无	+	干旱/热胁迫
渗透调节	蒸气压渗透仪	5 000~10 000	++	+++	+	干旱
叶片相对含水量	半微量分析天平（毫克级）	2 000~5 000	++	+++	+	干旱
叶片/籽粒碳同位素分辨力	质谱仪	外包，每样品大于10美元	++	++++	+	全部
光谱反射率	光谱辐射仪/光谱仪	5 000~60 000	+	无	+++	全部
归一化植被指数（NDVI）	"GreenSeeker" NDVI 仪	2 500~5 000	+	无	++	全部
叶绿素含量	叶绿素仪	200~3 000	+++	无	+	全部
地面覆盖度	数码相机	150~500	+	无	++	全部
光截获	冠层分析仪	1 500	++	无	+	全部
叶面积指数、绿色面积指数	叶面积仪	4 000~9 000	++	+++	++	全部
气体交换	红外气体分析仪	20 000~50 000	++++	无	+++	全部
叶绿素荧光	叶绿素荧光仪	2 000~25 000	++	无	++	全部
确定关键发育阶段	无	无	+	无；显微镜检测+	+	全部
当季生物量	无	无	+++	+++	+	全部
水溶性碳水化合物	样品粉碎机、近红外光谱仪	外包：每个样品用近红外光谱仪需0.5美元，蒽酮法需5美元	++	++++	+	全部
测定土样的水分含量	手动土钻；电动冲击锤；液压拖拉机取土器	分别为500~2 000；15 000；15 000	++++（手动）；+++（拖拉机）	++++	++	全部
测定土样的根系含量	同上	同上	同上	++++	+	全部
籽粒产量	小区联合收割机	80 000~180 000	++++	+++	+++	全部
籽粒产量因素	小区固定脱粒机、小型脱粒机、数粒：自动或手工	10 000；5 000~7 000/200	++++	++++	+	全部
作物形态胁迫	无	无	++	无	+	全部
季节性危害	无	无	++	无	+	全部

注：时间级分为+（<30s），++（<2min），+++（<5min），++++（<10min），+++++（>10min）和无

表 3 基于各个发育阶段的表型性状测量时间表

测量性状	幼苗期	分蘖期	拔节期	孕穗期	抽穗期	扬花期	灌浆早期	灌浆后期	成熟期
冠层温度					■	■			
气孔导度					■	■		■	
叶片水势			■				■		
渗透调节		■							
叶片相对含水量									■
潜在蒸腾效率（TE）的碳同位素分辨力（CID）（叶片）									
水分吸收的碳同位素分辨力（籽粒）					■	■		■	
光谱反射率									
发育分析的归一化植被指数（NDVI）									
色素估计的归一化植被指数									
衰老分析的归一化植被指数									
叶绿素含量									
作物地面覆盖度									
光截获									
绿色面积指数/叶面积指数									
气体交换和冠层荧光									
当季生物量									
水溶性碳水化合物									
测定土样的根系因素									
测定土样的水分含量									
籽粒产量及其构成因素									
作物形态性状									

注：■ 主要测量时期；■ 相关测量时期；■ 如果物候期范围相差超过 5 天，或衰老期间，不建议在同一天进行测量

参 考 文 献

Acevedo, E., Craufurd, PQ., Austin, RB. and Pérez-Marco, P. (1991) Traits associated with high yield in barley in low-rainfall environments. *Journal of Agricultural Science* 116, 23–36.

Araus, JL., Amaroa, T., Voltas, J., Nakkoulc, H. and Nachit, MM. (1998) Chlorophyll fluorescence as a selection criterion for grain yield in durum wheat under Mediterranean conditions. *Field Crops Research* 55, 209–223.

Babar, MA., Reynolds, MP., van Ginkel, M., Klatt, AR., Raun, WR. and Stone, ML. (2006) Spectral reflectance to estimate genetic variation for in-season biomass, leaf chlorophyll and canopy temperature in wheat. *Crop Science* 46, 1046–1057.

Condon, AG., Richards, RA., Rebetzke, GJ. and Farquhar, GD. (2004) Breeding for high water-use efficiency. *Journal of Experimental Botany* 55, 2447–2460.

Condon, AG., Reynolds, MP., Rebetzke, GJ., van Ginkel, M., Richards, R. and Farquhar, G. (2008) Stomatal aperture-related traits as early generation selection criteria for high yield potential in bread wheat. In: Reynolds, MP., Pietraglla, J. and Braun, H. (Eds.). *International Symposium on Wheat Yield Potential: Challenges to International Wheat Breeding*. Mexico, D.F.: CIMMYT.

Fischer, RA. (2007) Understanding the physiological basis of yield potential in wheat. *Journal of Agricultural Science* 145, 99–113.

Fischer, RA., Rees, D., Sayre, KD., Lu, Z-M., Condon, AG. and Saavedra, AL. (1998) Wheat yield progress associated with higher stomatal conductance and photosynthetic rate and cooler canopies. *Crop Science* 38, 1467–1475.

Guttierrez-Rodriguez, M., Reynolds, MP. and Klatt, AR. (2010) Association of water spectral indices with plant and soil water relations in contrasting wheat genotypes. *Journal of Experimental Botany* 61, 3291–3303.

Lopes, MS. and Reynolds, MP. (2010) Partitioning of assimilates to deeper roots is associated with cooler canopies and increased yield under drought in wheat. *Functional Plant Biology* 37(2), 147–156.

Lopes, MS. and Reynolds, MP. (2012) Stay-green in spring wheat can be determined by spectral reflectance measurements (normalized difference vegetation index) independently from phenology. *Journal of Experimental Botany* (in review).

Morgan, JM. and Condon, AC. (1986) Water use, grain yield, and osmoregulation in wheat. *Australian Journal of Plant Physiology* 13, 523–532.

Mullan, DJ. and Reynolds, MP. (2010) Quantifying genetic effects of ground cover on soil water evaporation using digital imaging. *Functional Plant Biology* 37, 703–712.

Parry, MAJ., Reynolds, MP., Salvucci, ME., Raines, C., Andralojc, PJ., Zhu, XG., Price, GD., Condon, AG. and Furbank, RT. (2011) Raising yield potential of wheat. II. Increasing photosynthetic capacity and efficiency. *Journal of Experimental Botany* 62(2), 453–467.

Pinto, RS., Reynolds, MP., Mathews, KL., McIntyre, CL., Olivares-Villegas, JJ. and Chapman, SC. (2010) Heat and drought adaptive QTL in a wheat population designed to minimize confounding agronomic effects. *Theoretical and Applied Genetics* 121, 1001–1021.

Reynolds, MP., Manes, Y., Izanloo, A. and Langridge, P. (2009) Phenotyping for physiological breeding and gene discovery in wheat. *Annals of Applied Biology* 155, 309–320.

（曹新有 译）

第一篇

冠层温度、气孔导度和水分相关性状

第一章 冠层温度

Julian Pietragalla

植物冠层温度与蒸腾量相关，冠层水分蒸散导致降温。利用手持式红外测温仪可快捷、非接触且有效地测定植物冠层温度。已有研究表明，气孔导度、蒸腾速率、植物水分状态、用水量、叶面积指数和籽粒产量均与冠层温度相关。冠层温度"冷"的基因型可作为植物水合状态优良的标准。目前，冠层温度在逆境研究中的应用已经常态化，尤其在逆境胁迫的诊断方面应用较为广泛，也应用于抗逆且广适型育种材料的筛选。主要原因有三个：①干旱胁迫条件下，可有效判断植物从深层土壤吸收水分的能力或水分利用效率；②灌溉条件下，能够鉴定光合能力、库容强度和光合产物的转运能力，但鉴定效果取决于植物的遗传背景、种植环境及其发育阶段；③热胁迫条件下，与植物光合产物的转运能力、冷却机制及热环境的适应性密切相关。

冠层温度是一个综合性的测定指标（测定是建立在植物群体冠层的基础上），在对抗逆性的鉴定方面，显著优于气孔导度和叶片水势等单个指标的鉴定效果，主要原因是其集成鉴定了植物大面积冠层生理过程的综合性状，且测定过程是非破坏性的，不受气孔（敏感性状）开放干扰，并具有用工少、速度快的优势。由于该性状的表达受发育阶段和白天特定时段的共同影响（如由于早晨太阳辐射量、温度均较低，因此早晨测定的抽穗前植物群体的冠层温度通常偏低），因此可用于测定植物不同发育时期的冠层性状和抗逆性。

（一）地点及环境条件

测定时间必须选定在晴朗、少风或无风的天气条件下进行，并保证植物表面要干燥，没有被露水、灌溉或雨水打湿。

国际玉米小麦改良中心（CIMMYT）研究表明，气温在 15℃以上时冠层温度测量效果最佳，测量环境的天气应是晴朗、少云和低湿（相对湿度<60%）的，这些条件主要与较高的饱和蒸气压差显著相关。冠层温度对环境中的气体流动非常敏感，如果当时当地的气温偏低、湿度偏高均不宜进行测量，因为低饱和蒸气压差会影响蒸腾速率，进而降低冠层温度的表达。

（二）时间

在灌溉或轻度水分胁迫条件下，最佳测定时段是 11：00~14：00，即正午前 1h 至午后 2h 期间，此时段植物受水分胁迫最强。

在重度水分胁迫条件下，筛选耐旱材料的最佳测定时段在正午之前 2h 到正午。水分匮缺条件下，耐旱品种较非耐旱品种植株在夜间的水分状态恢复快，白天的蒸腾速率和光合活力高。

(三）植物发育阶段

拔节至挑旗期（抽穗前）至少测定两次，开花后至灌浆后期也至少要测定两次，每次测定时间间隔为5~7天，这样测定能够有效地评估植物的冠层温度。

（i）抽穗前：苗期植被完全覆盖地表时，冠层已开始进行最大光截获，此时可以进行冠层温度测定。当群体麦穗抽出叶鞘10%时（GS51），应当停止冠层温度的测定。在幼苗发育早期阶段，测定冠层温度时要尽量避免红外探头扫描裸露的土壤表层（通常情况下，土壤表层温度高于植物冠层温度）。测定过程中应留意并记录田间或环境方面的情况，这些附加信息或观察情况将有利于数据分析，也可能有助于解释所观测到的异常数据。例如，记录下有可见穗的小区（如将有可见穗的小区标记为"S"）。

（ii）灌浆期：此阶段冠层温度的测定应从开花结束时开始，在灌浆后期停止（如小区植株出现衰老迹象，标记为"M"）。推荐测定整个植物群体的冠层，即将穗、穗下节和叶片均涵盖在内的温度数据，而不是分别测定穗部和叶片的温度（图1.1）。同样，测定过程中应留意记录田间或环境方面的情况，这些附加信息或观察情况将有利于数据分析，也有助于解释所观测到的异常数据。例如，记载小区植株生长情况时可能有个别小区尚有未抽穗的植株（将这种小区标记为"X"）。

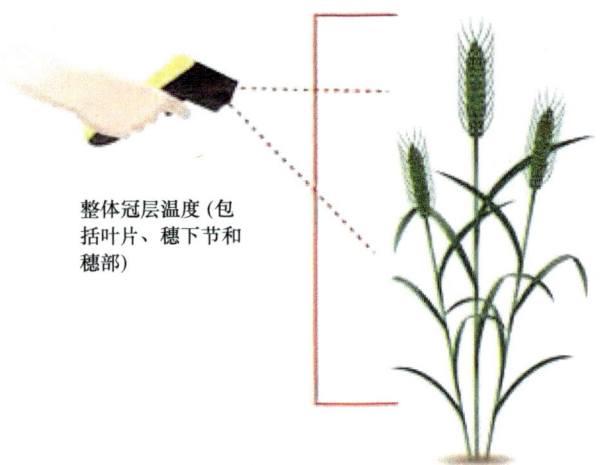

图1.1　籽粒灌浆期应测定整个植株的冠层温度，而不是分别测定穗和叶

通常灌浆期的绿色组织减少（尤其在胁迫条件下），因此要使红外测温仪（IRT）接近植株，并调整IRT的角度以检测最佳部位

（四）每个小区样本量

每个小区测定两次。

（五）步骤

下面主要介绍如何使用"第六感LT300"红外测温仪（图1.2）。

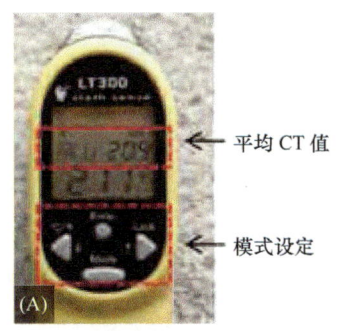 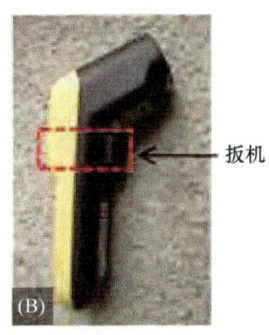

图 1.2　"第六感 LT300" IRT 及其主要轮廓
A. 前方视图；B. 侧面视图

携带下述设备到田间：
- 手持式红外测温仪
- 温湿度计
- 田间记载表和纸夹板

（六）测定建议

测定过程中，始终测定小区群体冠层向阳部分，而不是背阴部分。确保避开观测人员的影子或相邻小区的遮荫部分。测定每个小区的同一侧，并使太阳的位置始终位于观测人员的后上方（例如，位于北半球的试验地，南北走向种植的小区，观测人员应站在小区南端进行测量；反之亦然）。

确保每个小区的两次测定温度基本一致（即相差在 1℃ 以内）。若同一小区的两次测量温度相差大于 1℃，那么该小区应该重新测定两次。若两次测定的温度相差仍大于 1℃，请检测红外测温仪是否正常或测定方法是否正确后，再继续测定。

测定过程中应使红外测温仪与植物冠层保持一致的距离和测量角度。一致的测定距离意味着被测的冠层表面是相同的（测温仪与被测物越近，有效测定面积越小，如图 1.3 所示），一致的测量角度意味着测定温度的冠层区域是相同的。值得注意的是，确保红外测温仪的测定方向与冠层表面保持一个合适的角度，以免测量到裸露的地面（图 1.4）。针对植被覆盖率低的冠层（即叶面积指数小于 3），应降低红外测温仪的测定方向与水平面的夹角，尽量减少测量到土壤的可能性。在灌浆期测量时，应缩短红外测温仪与植物冠层的距离，以确保仪器更有效地捕获绿色组织反射的红外光谱。

进行测量时，扳动红外测温仪的扳机并保持 3~5s，同时在植物冠层往复缓慢移动测温仪，避免测到小区的边界区域（图 1.5，图 1.6），记录这段时间测定的平均温度（图 1.2）。值得提醒的是，由于仪器显示屏上会出现两个测定温度，即平均温度和最高温度，观测人员应确保记录的是平均温度（图 1.2）。更值得留意的是，当红外测温仪瞄准植物冠层的某个区域时，观测人员扣动扳机的瞬间会造成测定区域与原瞄准区域产生偏差，易造成测量值失真。

由于小麦的基因型差异会造成品种间发育阶段存在不一致，进而影响到小麦的群体结构，此外其生理性状的库源平衡也因发育阶段不一致而存在差异，因此，必须控

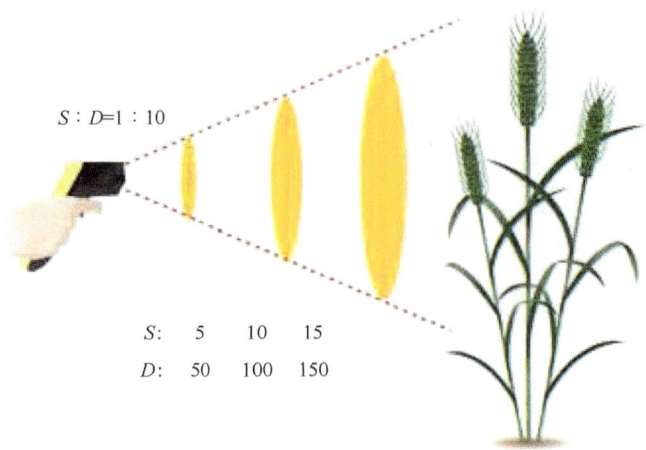

图 1.3　IRT 与植株之间的距离（D）决定测量点的面积（S），$S:D=1:10$。因此，IRT 与植株的距离和角度决定温度测量的面积

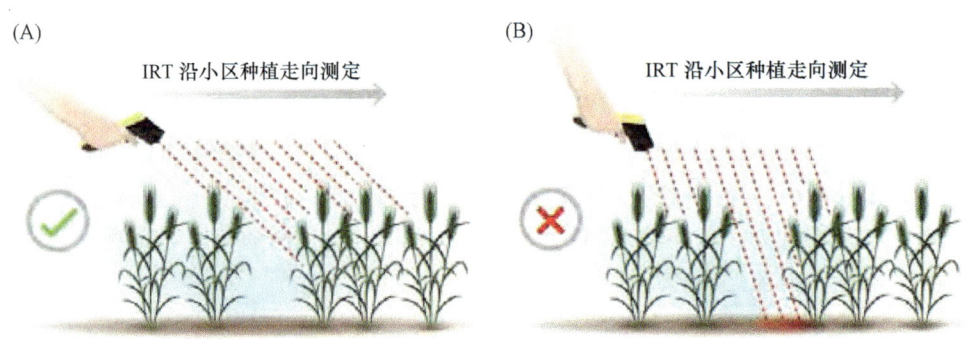

图 1.4　测定时确保 IRT 处于合适的角度

A. 作物冠层；B. 避开裸露的地面（该示意图上的测定角度存在问题，且测定的生物量偏低）。建议：测定前首先对所有小区进行一次检查，以确定测定角度和 IRT 与冠层间的距离，再使用正确的测定角度和距离检测全部试验小区

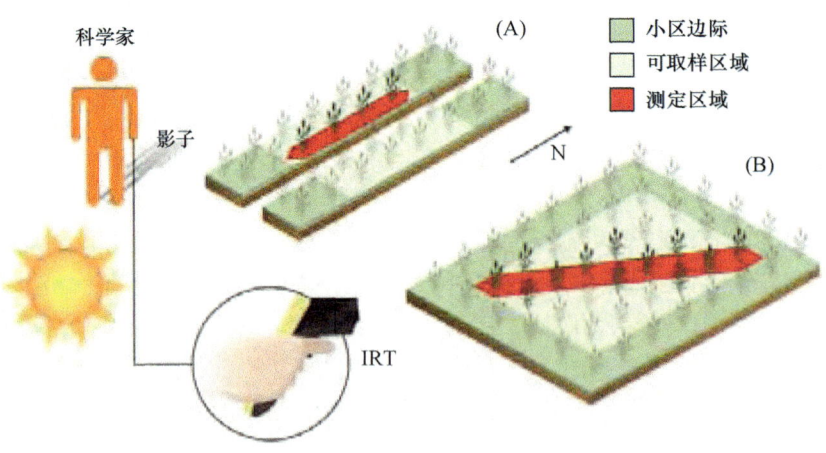

图 1.5　田间测定 CT 建议

A. 两行区种植（沿种植走向进行测定）；B. 平播种植（沿小区的对角线进行测定）

图 1.6　田间两行区试验在挑旗期 IRT 的测定示意图
红线表示 IRT 观测区域，箭头表示往返测定区域（避免边际效应影响）

制群体的物候学特征，尽量减少开花期的变异范围。为校正发育阶段差异对冠层温度测定的影响，通常可按照待测品种生育期的早晚将其分成两类，根据不同群体的生育期进行冠层温度测定。品种间开花期范围控制在 10 天之内比较合理。

高代材料或者稳定品系的田间试验，通常涉及 300~1000 份材料且未设置试验重复。这种情况下，一般选用已知的冠层温度高和冠层温度低的两份材料作为对照，种植时安排在每 10~20 个材料中间，作为冠层温度的对照品种。分析测量结果时，将待测材料与对照的冠层温度值进行对比，以确定待测材料的生理特性。

（七）使用"第六感 LT300"的详细建议

模式（Mode）：按此键在 MAX（最大值）、DIF（差值）、AVG（平均值）、PRB（探头温度）等参数间进行功能转换，设置的 AVG 为触发扳机过程中所测定温度的均值。

℃或°F（℃/°F）：该温度模式设置取决于自己所需的温度单位。

EMIS：这个参数不要改变，应保持在 0.95。

锁定（Lock）：该设置主要用来固定测量读数，因此应当关闭锁定功能。

扳机+↓（Trigger+↓）：激活和关闭激光器。

扳机+↑（Trigger+↑）：激活和关闭显示屏上的光源。

（八）准备工作

1. 打开测温仪，等待 10min 左右，平衡仪器与测定环境的温度。检查红外测温仪是否选择了平均值测定模式（在屏幕上显示"AVG"），并确保锁定功能处于关闭状态（在屏幕上不显示"LOCK"）（参见图1.2）。

2. 打开温湿度计，等待 3min，平衡温湿度计与环境的温度。测定值稳定可能需要等待较长时间。然后读取空气温度和相对湿度。在此期间，确保温湿度计存放在阴凉处，避免直接暴露在阳光下。

（九）试验测定

3. 每个小区读取两个冠层温度值。

（十）测定完成

4. 所有小区测量完成，记录完成时间，并重新记录此时试验田的空气温度和相对湿度。

（十一）校准

红外测温仪无需校正。田间观测人员可以根据实际情况判断测量值的取舍（即接受或清除测量值），但是，有必要对冠层温度上限和下限阈值进行鉴定，以更精确了解冠层温度的测定值。可通过喷雾法测定冠层温度的最高和最低阈值：在两个小区边行区域分别喷洒蒸腾抑制剂和纯净水，3min 后分别测定两个喷雾区域的冠层温度。这两个冠层温度值作为零蒸腾（蒸腾抑制，最高冠层温度）和最大蒸腾（高水分，最低冠层温度）的参考值。

（十二）数据和计算

冠层温度值取决于测定的环境，是个相对于环境的测定值，即是相对值。一般而言，"好"基因型是指那些冠层温度相对较低的基因型（通常"冷型"和"暖型"基因型间的冠层温度相差 1~2℃）。

我们不建议使用冠气温差值（canopy temperature depression，CTD；即大气温度与冠层温度之差）。由于使用热电偶（空气温度）和红外线（冠层温度）测定空气温度和冠层温度时，不同设备类型本身的差异会产生较大的测量值误差，若继续利用这两个测量值进行差减计算，将增大试验误差。相反，我们推荐使用不同品种的冠层温度值进行比较分析，并将环境温度作为变量解释统计分析结果（如使用空间分析法）。

比较分析不同发育阶段（抽穗期或灌浆期）的冠层温度时，应特别注意，穗对冠层温度有较大影响。每个发育阶段应进行三次测量，每次测量间隔大概 1 周。以每个小区相同发育阶段的测值计算冠层温度均值。

> **专栏 1.1**
>
> **购买红外测温仪时应注意的事项**
> 传感器的光谱范围应为 8~14μm;
> - 可调整/调整后的比辐射率为 0.95~0.98;
> - 测温范围为 0~60℃,分辨率至少为 0.1℃;
> - 距离:光斑比率(D:S)为 10:1~50:1;
> - 用平均值模式计算样品测定时间段内所测温度的均值。

(十三)故障排除

问题	解决方法
红外测温仪(IRT)不能显示平均温度值,如读数不稳定或者只显示最高/最低温度	确保设定的是"AVG"选项,检查是否选择了"LOCK"或者"MAX"/"MIN"选项
最初的冠层温度值似乎高于/低于后来小区的测量温度(即由于自动重新校准,测定温度呈"阶梯性变化")	开始测量时,IRT 没有足够的时间调整到测量环境温度。测量前确保 IRT 处于测定环境 10min 以上,使仪器温度与环境温度一致
两次读数相差>1℃	检查手持 IRT 姿势是否正确和动作一致,被测作物部位是否正确(即避免边界、已破坏/衰老的叶片、裸露的地表等)
待测地块不规则,或作物处于幼苗期/灌浆中期/已开始衰老	测量前观察整个试验地,再决定用 IRT 测定的最佳距离和角度,整个测定过程保持一致
一个试验的测量时间超过 1h	对试验材料的测量时间并不重要,除非测定条件不合适。渐变的测定环境(如上午温度呈上升趋势)可通过数理统计(如格子设计校正平均值)进行校正

延 伸 阅 读

Amani, I., Fischer, RA. and Reynolds, MP. (1996) Evaluation of canopy temperature as a screening tool for heat tolerance in spring wheat. *Journal of Agronomy and Crop Science* 176, 119–129.

Ayeneh, A., van Ginkel, M., Reynolds, MP. and Ammar, K. (2002) Comparison of leaf, spike, peduncle and canopy temperature depression in wheat under heat stress. *Field Crops Research* 79(2-3), 173–184.

Balota, M., Payne, WA., Evett, SR. and Peters, TR. (2008) Morphological and physiological traits associated with canopy temperature depression in three closely related wheat lines. *Crop Science* 48(5), 1897–1910.

Eyal, Z. and Blum, A. (1989) Canopy temperature as a correlative measure for assessing host response to *Septoria tritici* blotch of wheat. *Plant Disease* 73(6), 468–471.

Fuchs, M. (1990). Infrared measurement of canopy temperature and detection of plant water stress. *Theoretical and Applied Climatology* 42(4), 253–261.

Olivares-Villegas, JJ., Reynolds, MP. and McDonald, GK. (2007) Drought-adaptive attributes in the Seri/Babax hexaploid population. *Functional Plant Biology* 34, 189–203.

Rosyara, UR., Vromman, D. and Duveiller, E. (2008) Canopy temperature depression as an indication of correlative measure of spot blotch resistance and heat stress tolerance in spring wheat. *Journal of Plant Pathology* 90(1), 103–107.

Saint Pierre, C., Crossa, J., Manes, Y. and Reynolds, MP. (2010) Gene action of canopy temperature in bread wheat under diverse environments. *Theoretical and Applied Genetics* 120(6), 1107–1117.

(肖永贵 译)

第二章 气孔导度

Julian Pietragalla, Alistair Pask

气孔导度表示叶片气孔的开张程度（即气体在空气和叶片内部交换过程中的物理阻力），估测气体交换率（即二氧化碳的吸收）和蒸腾（即水分损失）速率。因此，它是密度、气孔尺寸和开度大小的函数。气孔开放越大，传导率越大，也意味着光合作用和蒸腾速率可能越高。手持气孔计可在灌溉试验条件下对叶片气孔导度进行快速测量，但不推荐在水分胁迫环境下进行测量（除非空气温度适宜），因为通常在水分胁迫条件下叶片气孔处于关闭状态。

气孔计是通过估测叶片内部相对快速的压力差、气体流速或相对湿度梯度式的快速改变进而判断气体传导阻力，相对阻力越小意味着气孔导度越高。气孔计也可作为判断光合速率的指标。气孔导度的遗传力很高，并与产量高度相关；随着空气温度的上升，叶片气孔导度呈上升趋势，并与"冷型"冠层温度密切相关。CIMMYT 研究表明，过去 30 年选育小麦品种的产量潜力增益，一部分归因于叶片气孔导度的改良。

可用的叶片气孔计的类型如下。

- 静态（如 Decagon 公司产品，SC-1 型，图 2.1；PPSystems 公司产品，PMR-5PP 型）：该设备具有一个开放叶室，可夹住叶片表面，叶室通路设置有相对湿度梯度以便测定通过气孔散失水蒸气的量。仪器相对湿度显示器沿扩散通路设置两个点，一旦扩散梯度达到一个稳定状态，则计算并显示叶片扩散导度（电阻的倒数）。扩散梯度快速变化的叶片意味着气孔开度较大。
- 动态扩散（如 Delta-T Devices 公司产品，AP4）：该设备携带一个叶室，用于固定叶片表面，并测定相对湿度增加的比例；当水分通过气孔扩散蒸发时，叶室内相对

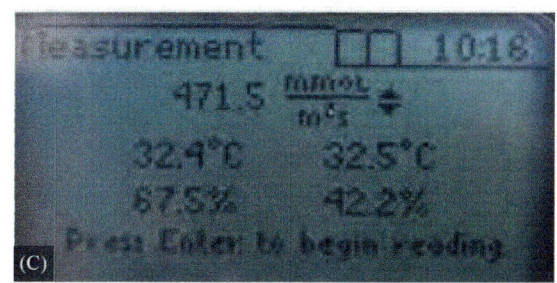

图 2.1 Decagon SC-1 气孔计的使用

A. 最上面的示意图表示叶室应夹在叶片的中间部位；B. 从侧面观测，叶室顶部的白色聚四氟乙烯（Teflon）盘清晰可见；C. 数据输出界面显示出气孔导度值为 471.5mmol·m^{-2}·s^{-1}

湿度上升。相对湿度的快速提升意味着气孔开度较大。

- 黏滞或扩散流量（如 Thermoline）：根据固定量的压缩空气穿透叶片的时间（以每秒 1/100 的比率计算）进行测定。该设备测定的气体流动物理阻抗与气孔导度呈线性反比关系。压力快速下降或气体流速较快均意味着物理阻抗小，气孔导度大。
- 零平衡（如 LICOR 公司产品，LI-1600）：在近叶表面上测定蒸腾通量和蒸腾梯度，通过计算保持叶室内（包括空气温度和叶片温度）相对湿度稳定的流量，进而测定气孔导度。气体交换率低/蒸腾速率低的叶片需要一个相对低的干气流速来保持零平衡。

（一）地点及环境条件

测量应当在天空晴朗，几乎无风的环境下进行。在开放的环境下，气孔计运行要求气温为 5~40℃，相对湿度为 10%~70%。并保证叶片表面干燥，没有被露水、灌溉水及雨水打湿。

测量气孔导度应在充分灌溉的环境下进行，干旱条件下气孔开度会偏低，无法给出一个可靠的测量值。

（二）时间

正午时段测定最佳，特别是 11:00~14:00。

（三）植物发育阶段

可在作物的任何发育阶段进行测定，也可根据试验目的/胁迫峰值出现的时间，从分蘖中期至灌浆后期以固定的时间间隔进行。两个基因型的比较研究中，不应将抽穗期和扬花期作为测量节点，因为物候差异可能会混淆试验结果。

通常情况下，分蘖中期至孕穗期应测量 1 或 2 次，然后在灌浆期测定 1 或 2 次。

（四）每个小区样本量

每个小区随机挑选三个叶片进行测定。

（五）步骤

下面介绍基于 Decagon 公司产品 SC-1 手持式气孔计的测定方法（图 2.1）。
携带下述设备到田间：
- 手持式气孔计
- 田间记载表和纸夹板

（六）测定建议

切记植物气孔对物理性操作非常敏感，尽可能避免对叶片的物理性压迫/接触。测定气孔导度时必须快速而准确地进行，因为使用气孔计时会造成叶片表面局部和测定范围边界环境改变，这种改变能够使电导和电阻值发生漂移。值得注意的是，气孔对光线、相对湿度、二氧化碳、植物病原体和污染物均敏感，农用化学产品也对气孔导度有影响。

测量时应选择最新的伸展完全的叶片，而且入选的叶片已充分得到阳光照射，最好是刚完全伸展的旗叶。确定选择充分暴露在阳光下的叶片，而不是在阴影下或背阴处的叶片，因为阳光下与背阴处的叶片气孔导度的测定值存在显著差异。另外，测定的叶片必须清洁、干燥、完好、未失绿，且没有病害和机械损伤。测定叶片彼此间的读值差异应控制在 10%以内，或者约小于 $50 mmol·m^{-2}·s^{-1}$。若读值大于这个范围，需要进一步测定。

常规的气孔导度值以测定叶片上表面（正面）为准。对小麦而言，叶片正面与背面气孔频度的比值约为 1.0，而中午时叶片上表面气孔关闭（由于气温和辐射升高引起的气孔关闭）与否主要取决于品种的基因型。因此，测定气孔导度时应确保待测叶片固定在测量夹中的位置基本一致，且叶片上表面始终向上。

当使用 SC-1 气孔计时，任何时候都不能够触碰白色的多孔聚四氟乙烯（Teflon）滤光片，一旦触碰，将会导致读数不准确，必须更换滤光片。不要在近滤光片、叶片或叶室的附近呼吸，否则会影响传感器头内的湿度和二氧化碳浓度的梯度，更不能在有烟雾的环境（如来自火堆、烟草或烟雾）下测量，也不能使传感器与任何类型的化学气相物品（如胶水、乙醇或汽油）接触。

（七）准备工作

先检查电池是否充满电，叶室是否密封，密封垫和传感器是否有灰尘、花粉等。
1. 打开气孔计后，等待 10min 左右以平衡仪器与环境的温度。按下"菜单"键，选择屏幕上"配置菜单"，使用箭头键与"输入"键对机器的参数进行必要的修改。
2. 检查"模式"设置为"手动"（而不是"自动"），并且"单位"设置为"$mmol·m^{-2}·s^{-1}$"——这确保测量的是电导单位，其他两个单位（$m^2·s·mol^{-1}$ 和 $s·m^{-1}$）为电阻单位。返回到"主菜单"。

（八）试验测定

3. 选择干净、干燥、无病且正面接受阳光的旗叶。

4. 将叶片中间位置夹在叶室中,并确保叶片完全覆盖传感器叶室。测量过程中保持白色滤光片朝上,并完全接受到阳光(不允许其他植物遮荫滤光片)。

5. 按下"输入"开始测量。当读数达到平衡时按下"输入"键来保存读数。读数可以通过手动记录或自动保存到仪器。整个测量过程需要 30~120s。如果平衡读数的时间超过 3min,应重新选择叶片进行测量。

6. 屏幕上会出现三个选项:"保存"保存数据;"取消"放弃本次测量值;或者"注解",选此项后按"输入"来命名这个数据。注释并给数据一个文件名后,后续的测量可以直接进行"保存"。

7. 两个叶片测量之间,需要打开气孔计叶室并置于通风处,以散失叶室内残留的湿气。

(九)数据和计算

根据不同的仪器设置,可以记载测定叶片的气孔导度值,或者利用仪器自身携带软件下载保存的测定数据。下载数据格式中,文本文件显示的数值是"利用逗号分隔的",最后导入 MS Excel 文件中。灌溉试验的典型值为 300~700 mmol·m^{-2}·s^{-1},轻度水分胁迫试验的典型值为 80~300 mmol·m^{-2}·s^{-1}。

(十)故障排除

问题	解决方法
测定值低(<200 mmol·m^{-2}·s^{-1})	可能土壤过于干燥,气孔关闭。仅限于测定合理灌溉的试验——灌溉后重新测定 因气孔异常敏感,操作过程中尽量最大限度地减少与叶片的物理接触
数据误差大	统一叶片选择标准(如叶片位置相同、发育阶段相同、感光器的朝向等)
气孔计数值不稳定	整个试验田的土壤湿度不规则,可能由土壤干湿不一致引起,灌溉后重新测定 可能太阳受云层遮挡——最好选择晴朗无云的天气进行测定
测定值异常(来自稳态、动态扩散或气孔计零平衡的影响)	避免传感器探头暴露在化学溶剂挥发的气雾中(如乙醇、丙酮或汽油)。若发生这种情况,重新校准传感器。 切勿使用溶剂来清洁传感头

延伸阅读

Decagon Devices. (2011) Available at: http://www.decagon.com/ (accessed 11 August 2011).

Fischer, RA., Rees, D., Sayre, KD., Lu, Z-M., Condon, AG. and Saavedra, AL. (1998) Wheat yield progress associated with higher stomatal conductance and photosynthetic rate and cooler canopies. *Crop Science* 38, 1467–1475.

Rebetzke, GJ., Read, JJ., Barbour, MM., Condon, AG. and Rawson, HM. (2000) A hand-held porometer for rapid assessment of leaf conductance in wheat. *Crop Science* 40, 277–280.

Rebetzke, GJ., Condon, AG., Richards, RA. and Read, JJ. (2001) Phenotypic variation and sampling for leaf conductance in wheat (*Triticum aestivum* L.) breeding populations. *Euphytica* 121, 335–341.

Rebetzke, GJ., Condon, AG., Richards, RA. and Farquhar, GD. (2003) Gene action for leaf conductance in three wheat crosses. *Australian Journal of Agricultural Research* 54, 381–387.

Reynolds, MP., Balota, M., Delgado, MIB., Amani, I. and Fischer, RA. (1994) Physiological and morphological traits associated with spring wheat yield under hot, irrigated conditions. *Australian Journal of Plant Physiology* 21, 717–730.

Reynolds, MP., Calderini, DF., Condon, AG. and Rajaram, S. (2001) Physiological basis of yield gains in wheat associated with the LR19 translocation from *A. elongatum*. *Euphytica* 119, 137–141.

（肖永贵 译）

第三章　叶　片　水　势

Carolina Saint Pierre, José Luis Barrios González

叶片水势是对植物水能量状态的评估。水在植物体内的张力状态下（负压）通过木质部导管系统流动，由下而上进行运输，即从根系至叶片方向运动。这种水分张力与水分胁迫的程度呈显著性正相关，例如，地表水分含量较低的情况下，植物体内运输水需要较高的压力。因此，当样品被切割进行分析时，该组织木质部系统内的水被迅速地拉入到周围组织，对周围组织中的水拉回木质部所需的正向压力的度量，是对在水分胁迫情况下（白天测量）植物自身保持水分状态的能力和在水分胁迫降低的情况下（夜间测量）恢复水分状态的能力的一个反向测量。

叶片水势可通过"Scholander 压力室法"（或"压力室法"）进行测量，主要是在密封压力室内对样品材料（如叶片或茎秆）施加正压力进行测量。利用高压气体给压力室内的样品逐渐加压，可使组织细胞重新排出水分，并进入木质部的导管系统，当导管中的溶液刚好回到原切开位置时，所施加的压力恰好与完整导管内的原始负压相等，这时这种"平衡压"可作为植物水势的测量值。鉴定能够在胁迫条件下维持一个较低的平衡压的基因型是鉴定选择能够较好适应水分胁迫品系的一个重要方法。尽管这种测定方法未能充分考虑植物组织的渗透势或组织呼吸的影响，但相对其他表型鉴定试验较大的差异而言，这些因素的误差并不重要。

（一）地点及环境条件

虽然测定样品时环境条件对叶片水势影响较小，但也要尽量避免植物叶片表面被露水、灌溉水及雨水打湿。测定应在干旱条件下进行，或者在根系接近水源和/或导管容量被局限在一个高蒸气压差（vapor pressure deficit，VPD）的环境下。通常灌溉条件下，基因型间的叶片水势差异非常小，不能鉴别基因型间的差异。

（二）时间

两组样品应在 24h 内测定完毕。

第一组：正午前 1h 和午后 2h（此时植物受水分胁迫最重，测定结果能够有效反映实际胁迫水平）。

第二组：凌晨（深夜/清晨，此时植物受水分胁迫最小，已从白天的水分胁迫状态中恢复过来，测定结果能够反映植物补充水分的能力，以及植物体内水势与土壤水势达到平衡状态）。

（三）植物发育阶段

根据试验目的/胁迫峰值出现的时间，从拔节期至灌浆后期的任何时期均可采集样品，进行叶片水势测定。例如，干旱试验研究中，在灌浆初期取样，测定叶片水势，评估水分胁迫的严重度。

（四）每个小区样本量

每个小区取 2~4 个叶片。

（五）步骤

待测样品来自试验田和温室均可。
携带下述设备到田间：
- Scholander 压力室
- 压缩空气气瓶
- 用于连接压力室和气瓶的工具
- 两把剪刀
- 放大镜
- 一个带有喷雾嘴的水瓶
- 5 块能够包裹整个旗叶的大的纯棉纱布
- 移动工作台和椅子
- 田间记载表和纸夹板

进行温室测定时应携带：大的黑色塑料袋（大到足以同时覆盖植物和盆）。

（六）测定建议

第一个非常重要的建议是：确保压力室的顶部安装正确且牢固，以便承受室内的高压（>40bar/4.0MPa）。一旦操作失误，会严重危及操作人员的人身安全。

第二个非常重要的建议是：测量后释放压力时应缓慢进行，且泄压彻底完全。所有压力未完全释放时进行压力室拆卸，可能会造成对操作人员严重的人身伤害。

应注意，尽量缩短剪切样品和对其进行测定的间隔时间。通常情况下，两人合作进行：一人负责选取和剪切样品，另一人操作压力室。为减少每个小区的测定时间，可以在同一个小区内选取并测定两个叶片——当然操作过程需要特别小心。

慢慢施压（以每秒 1~2bar 的速度进行）。通常灌溉试验的叶片水势值应低于干旱试验的值。极端水分胁迫环境下，达到水势平衡需要较大的压力（>40bar）。通常两个叶片的测定值存在较小差异。若两个叶片测定值的差异超过 10%，则需重新采样进行测量。

对于每次干旱试验的叶片水势测定结果，可以包含几个灌溉试验的样品作为非胁迫或者参考值，便于比较。

（七）准备工作

连接压力室和气瓶（图 3.1）。用喷雾器润湿纱布（置于压力室内，确保室内空气潮湿，避免加压过程中样品脱水）。

图 3.1 用于叶片水势测定的设备，包括压缩气瓶和压力室

（八）试验测定

1. 选择干净、干燥且健康的受光叶片；通常选择挑旗后的旗叶。

2. 用湿布将叶片逐个包裹，然后在靠近叶鞘端进行剪切（以免样品失水；如图 3.2A 和图 3.2B 所示）。迅速将待测样品递交给操作员，并置于压力室内进行施压。

3. 将样品置于压力室内顶部的橡胶密封圈中，叶片剪口端略探出一部分（图 3.2C）。如果待测叶片太宽，无法放入橡胶密封圈的孔中，可以小心地将叶片边缘向背面折回一部分。若同时测定两片叶，将两个叶片近鞘端反向相对进行测定（以便于观察）。

图 3.2 叶片样品采集和水势测定

A. 先用湿纱布包裹叶片；B. 从叶片基部剪取；C. 将叶片放置于压力室内顶部的橡胶密封圈内；D. 利用放大镜观察叶片剪口端的水珠；E. 水分从叶脉处渗出；F. 读出压力值（22bar）

4. 固定压力室的顶部。仔细检查是否固定牢固。

5. 将调节阀由"关"转动到"增压"的位置。

6. 轻轻打开压缩气瓶的阀门,使空气缓缓地进入压力室腔内(以每秒 1~2bar 的速度进行),并逐步增压(始终用一只手握住调节阀)。

7. 在压力室腔内缓慢增压过程中,使用放大镜仔细观察叶片的剪口处(图 3.2D)。

8. 当叶片剪口处出现小水珠时(图 3.2E),关闭气体阀,记载压力表(图 3.2F)上所示的压力。

9. 如果同时测定两片叶,应继续增压,直到第二片叶的剪口端也出现相同的水珠,然后关闭气体阀,记载压力表(图 3.2F)上所示的压力。

10. 把调节阀调到"释放/排气"位置,缓慢释放压力。

11. 卸下压力室腔的顶部,除去叶片。

12. 所有的测量结束后,从压缩气瓶上断开压力室。

(九)温室测定

当温室内的待测植物开始出现水分胁迫迹象时,进行水势测定。测定工作一般在下午进行,首先利用一个黑色塑料袋包裹待测样品(包括花盆在内),对每个样品进行逐个标记(品种名称等),以便当日测量不完,次日继续进行。

次日清晨进行测定(5:00~10:00),每个样本选取两个叶片,按照上述方法进行测定。

(十)数据和计算

灌溉试验,黎明前叶片水势的范围通常为–5bar(田间土壤的持水量)到–10bar(植物用水不受限制)。白天叶片水势的值<–10bar 说明植物受到水分胁迫(限制了生理进程)。

干旱试验,叶片水势值为–40~–20bar,甚至个别平衡压力值超过设备的最大测量范围,应记为"<"(如<–40bar)。

(十一)故障排除

问题	解决方法
加压后压力室/调节阀盖不易打开	在压力室/调节阀的螺纹处涂抹少量的油或者油脂
橡胶密封圈处漏气	确保叶片正确地插入橡胶密封圈中 检查密封圈是否受损;必要时进行清洁或更换
相同品种叶片测定值差异较大	确保选取的叶片为主茎旗叶 确保压力室内空气湿润(利用纱布湿润)
叶片剪切面不十分干净或平整	从植株上剪取叶片时应当小心,确保一次成功——不要二次剪切样品,这样会影响测定值

延 伸 阅 读

PMS Instrument Company. (2011) Available at: http://www.pmsinstrument.com/ (accessed 12 August 2011).

Soilmoisture Equipment Corp. (2011) Available at: http://www.soilmoisture.com/ (accessed 12 August 2011).

Turner, NC. (1988) Measurement of plant water status by the pressure chamber technique. *Irrigation Science* 9, 289–308.

Turner, NC. and Long, MJ. (1980) Errors arising from rapid water loss in the measurement of leaf water potential by the pressure chamber technique. *Functional Plant Biology* 7, 527–537.

（肖永贵 译）

第四章 渗 透 调 节

Carolina Saint Pierre, Vania Tellez Arce

渗透调节是指随着水分胁迫增加（即水势降低），植物细胞溶质浓度的净增加，以维持细胞膨压（从而水合）。在缺水条件下，植物体应对水分胁迫，不是通过降低细胞体积或细胞含水量，而是通过主动积累细胞溶质（如氨基酸、糖、多元醇、季铵离子和有机酸），提高细胞液可溶物的浓度（注意：规范的定义为瞬时水合状态）。水分胁迫条件下，这些细胞质内的溶质可以稳定并保护细胞内的大分子、酶和细胞膜（如糖和醇类也可作为活化氧清除剂以减少对细胞的损伤），通过膨压过程进行调节（如生长和气孔活性），从而保护光系统复合物。因此，渗透调节也被认为是干旱胁迫条件下的一种保持生理功能的机制。

渗透调节是以植株细胞在胁迫与非胁迫条件下完全膨胀时的渗透势之差计算而来的。该方法已被作为筛选具有严重干旱适应性材料的一种工具。渗透调节的测量仅需少量叶片样品，是一个相对简单的技术。利用该方法已在多种作物观察到遗传变异，如小麦、玉米、水稻、高粱、大麦、谷子、向日葵、豌豆、鹰嘴豆和草坪草（Zhang et al.，1999）。渗透调节的值在不同物种、不同品种甚至同一植物的不同器官间均存在差异。此外，渗透调节还受水分亏缺水平、水分亏缺发展的速度和环境条件的影响。今后的研究需要更明确地阐明其本质，以及与渗透调节相关的生理进程的调控。

理想的方法应该能够单独量化响应水分胁迫的溶质积累量，而不包括水分损失时的溶质浓度。本章详细介绍"再水化法"（即已再水化植物的渗透势），该方法被视为最快速且经济的方法，在用于大田条件下筛选育种材料方面具有潜在的实用价值（Babu et al.，1999；Moinuddin et al.，2005）。同时，也推荐其他估测渗透调节的方法（参见 Babu et al.，1999）。

- 相对含水量与渗透势的回归模型；
- 利用胁迫植物的渗透势推测其再水化状态；
- 在给定的接近萎蔫时的渗透势下，持续的相对含水量。

（一）地点及环境条件

待测植株应生长在温室可控环境下的生长箱中。虽然田间生长的植株也可进行测定，但是不推荐使用，因为结果会受到品种间在根系深度上遗传差异的影响，根系深度差异会混淆植株对干旱的实际响应水平（请参阅下面推荐的适应性修改程序）。

（二）时间

两天内进行两次取样：第 1 天第 1 次取样，在黎明前取样测定叶片水势（参见本书

第三章）；第 2 天上午进行第 2 次取样。

（三）植物发育阶段

根据试验目的/胁迫峰值出现的时间，从分蘖期开始至灌浆中期的任何时期均可进行测定。例如，干旱试验灌浆初期取样的测定结果可以评估对后期干旱胁迫的适应性。

（四）每个小区样本量

每盆每个植株剪取一个叶片。或者，在田间从一个小区内的不同植株上剪取 4 个叶片。

（五）步骤

本测定步骤描述的是温室生长植株的"再水化法"，并对田间测定方法进行标注。需要准备如下设备：
- 透明的大塑料袋（用于包裹植物和花盆）
- 2ml Eppendorf 管
- 乳胶手套
- 剪刀
- 纸巾
- 保温瓶
- 冰（保存样本）
- 冷冻箱（−15℃）
- 蒸气压渗透仪
- 校准标准溶液
- 纸制样品垫
- 玻璃棒
- 移液器

（六）测定建议

再水化法要求两个处理，即对照（正常灌溉）和干旱胁迫（阶段性灌溉或干旱处理）（图 4.1A）。使用较大的花盆（5~10L），每盆种植 4~6 个基因型。花盆摆放次序按照格子设计（每个副区摆放 4~6 个基因型），或采用非重复设计，每个花盆中种植一个对照品种。

一组基因型应种植在同一花盆内，确保土壤水势均一。应注意检测的叶片要发育完整、洁净。如果叶片表面有灰尘，提前使用湿纸巾擦除灰尘，待叶表干燥后再进行测定。试验过程中，应始终戴着乳胶手套进行操作，避免污染样品（徒手操作时手上会有盐分污染样品）。

图 4.1　渗透调节测定示意图

A. 干旱条件下的（左）与充分灌溉的植物（右）；B. 过夜再水化处理；C. 剪切叶片样品；D. 把叶片样品放入冰壶，进行冷冻；E. 在 Eppendorf 离心管内将叶片样品磨碎，并提取细胞液；F. 利用蒸气压渗透仪进行测定

下午当胁迫植株出现萎蔫的叶片时进行取样测量［水势约<−1.2MPa（即−12bar），或者相对含水量≈60%］。

（七）准备工作

Eppendorf 管上标记试验名称、基因型编号和花盆编号。

（八）温室测定

第 1 天：准备。

黎明前，每个花盆内选取 2 个或 3 个完全伸展的叶片，利用"Scholander 压力室"测定叶片水势，明确胁迫水平。

当日下午，灌溉花盆直至饱和状态，并利用透明无色塑料袋将植物和花盆一同盖住（图 4.1B）。过夜让植株叶片充分吸水。这个再吸水过程确保品种间不会产生显著的渗透调节的变异（Babu et al., 1999）。

第 2 天：叶片取样。

清晨，收集再吸水植株的完全展开叶片。

1. 剪取叶片样品（图 4.1C）。
2. 用纸巾快速擦干叶片表面。
3. 将叶片装入 Eppendorf 管中（用镊子旋转装入），并压盖密封。
4. 样品置入冷冻箱中（<−15℃）；使细胞破裂（图 4.1D）。
5. 重复上述步骤，对每个花盆的基因型进行取样。

如果不能立即将采取的样品放入冷冻箱，应将装有样品的 Eppendorf 管放入带有冰块的保温瓶中。

（九）田间测定

虽然不推荐，但是通过注意下列事项，这个方法也可以用于田间样品的测定。
1. 在黎明前取样。
2. 在每个小区的不同单株上剪取 4 个完整叶片。
3. 将收集的样品置于带有标签的样品管中。
4. 每个样品管中加入 1ml 的水（即再吸水）。
5. 将样品置入 3~4℃ 的暗室冷藏 4h。
6. 用纸巾轻轻擦干叶片表面水分。
7. 分别将样品放入样品管中。
8. 将样品管置入冰柜进行深度冷冻。

（十）实验室测定

使用蒸气压渗透仪测定渗透势。
1. 测定样品之前，检查渗透仪的热电偶是否清洁（根据用户手册进行检测）。
2. 用已知浓度的标准液校准渗透仪（如逐步增加氯化钠溶液的浓度：100mmol·kg^{-1}、290mmol·kg^{-1} 和 1000mmol·kg^{-1}；具体校准方法与仪器的型号或品牌有关）。
3. 用玻璃棒捣碎样品管中的叶片组织。
4. 用移液器吸取提取的细胞液（图 4.1E）。吸取不同样本的细胞液时，应更换移液器的吸头。
5. 将细胞液滴到纸制样品盘上，将样品盘置于渗透仪的采样比色皿中。最佳样品量（10μm）应使样品盘充分饱和。
6. 读取测定值（图 4.1F）。
7. 用去离子水清洗渗透仪的比色皿。

（十一）数据和计算

从渗透仪得到的渗透势（OP）值的单位为 mmol·kg^{-1}，需要根据下面的公式转换成 MPa（压力单位）：

$$OP（MPa）= (-R \cdot T \times 渗透仪读数)/1000 \tag{4.1}$$

式中，R 是气体常数（0.008 314），T 是以开尔文温标记录的实验室温度（在此例中，

$T=298K$,即为 25℃)。

渗透调节(OA)的计算是非胁迫条件下(充分灌溉)饱和再吸水的 OP 值与干旱胁迫下(阶段性灌溉或干旱胁迫)饱和再吸水的 OP 值之差。

$$OA = OP_{非胁迫} - OP_{胁迫} \tag{4.2}$$

例如(利用表 4.1 的数据),$OA = (-0.409) - (-0.817) = 0.408 MPa$。

利用再吸水法计算的小麦 OA 值范围通常为 0.1~1.2MPa。

另外,如果二次浇水前测定了每个品种的水势,可利用水势(Ψw)与渗透势(Ψs)之差计算膨压势(Ψt)。

$$\Psi t = \Psi w - \Psi s \tag{4.3}$$

表 4.1 渗透仪读数由 $mmol \cdot kg^{-1}$ 转换为 MPa 的示例

	渗透仪读数 ($mmol \cdot kg^{-1}$)	渗透仪读数/1000 ($mol \cdot kg^{-1}$)	渗透势(MPa)	渗透势+10%(MPa)*
非胁迫	150	0.15	-0.372	-0.409
胁迫	300	0.30	-0.743	-0.817

* 因为用质外体水稀释了共质体液,假设质外体水是 10%,把渗透势(OP)矫正为(OP+10%)

(十二)故障排除

问题	解决方法
因土壤水势差异造成数据产生较大的误差变异	一个副区(格子设计)中种植多个基因型,或者采用非重复设计,在每个盆中都种植一个对照品种 确保样品叶片洁净且干燥——用纸巾清洁并擦干
难以校准渗透仪	实验室温度必须稳定 检查校准标准液是否过期 如果由样品室或热电偶的污染引起,必须清理干净后再进行测定。当热电偶的污染程度大于 10 时,必须进行清理
渗透仪的测定值不稳定	确保样品正确载入渗透仪——样品量大于 11μl 时,会造成热电偶污染 测定前清除样品盘上的气泡——样品室内气泡破裂会造成热电偶的污染 确保载物架干净且无损伤(如不使用金属镊子取湿的样品盘)。使用去离子水清洗设备

参考文献

Babu, RC., Pathan, MS., Blum, A. and Nguyen, HT. (1999) Comparison of measurement methods of osmotic adjustment in rice cultivars. *Crop Science* 39, 150–158.

Moinuddin., Fischer, RA., Sayre, KD. and Reynolds, MP. (2005) Osmotic adjustment in wheat in relation to grain yield under water deficit environments. *Agronomy Journal* 97, 1062–1071.

Zhang, J., Nguyen, HT. and Blum, A. (1999) Genetic analysis of osmotic adjustment in crop plants. *Journal of Experimental Botany* 50, 291–302.

延伸阅读

Morgan, J. (1983) Osmoregulation as a selection criterion for drought tolerance in wheat. *Australian Journal of Agricultural Research* 34, 607–614.

Munns, R. (1988) Why measure osmotic adjustment? *Australian Journal of Plant Physiology* 15, 717–726.

(肖永贵 译)

第五章　叶片相对含水量

Daniel Mullan, Julian Pietragalla

叶片相对含水量（或称为相对膨胀度）测定的是相对于叶片在饱和膨胀状态下的最大持水力而言的叶片水合状态（叶片实际含水量）。相对含水量是针对叶片水分亏缺的测量值，在干旱和热胁迫条件下可用于鉴定植物承受胁迫的程度。作为植株水分状况的测量指标，叶片相对含水量集成了叶片水势（Ψ，另一个有用的水分状态的估计值）及渗透调节（一种保护细胞水合作用的有利机制）的效果。如果一个基因型在胁迫环境下具有通过保持叶片膨胀进而最小化胁迫影响的能力，那么就意味着其具有生理上的优势。也就是说，对于依赖膨胀保护的过程（如生长发育与气孔活力）是有利的，进而可以保护和维护光系统复合体。

叶片相对含水量的测定简单易行，且不需要昂贵的专用仪器。首先将从田间生长的作物上剪取的新鲜叶片进行称重，然后置入水中，低温过夜，再次称重，再置于烘箱内干燥并最终称取干重。叶片样品中水分含量的相对差异为量化其田间水合状态提供了鉴定指标。试验可快速筛选在水分胁迫下能够维持高叶片相对含水量的基因型，反之亦然。叶片相对含水量测定过程中的误差来源可概括为以下几点：①干重的变化（主要因呼吸消耗损失）；②过度饱和膨胀，使叶片含水量增加；③水分在细胞间隙中的积聚（Barrs and Weatherley，1962）。

（一）地点及环境条件

多数环境条件下均可进行测量。但要注意的是植物表面没有被露水、灌溉及雨水打湿，这一点很重要。

（二）时间

取样最佳时间在正午前后 2h；因为这是一天中日照、温度及其对叶片水分影响最稳定的阶段。也可通过测定一整天的叶片相对含水量来绘制日变化曲线图。

（三）植物发育阶段

可在作物的任何发育阶段进行测定，也可根据试验目的/胁迫峰值出现的时间，从拔节初期至灌浆后期以固定的时间间隔进行测定。例如，后期的干旱或/和热胁迫试验在灌浆初期进行相对含水量测定，以评价作物对胁迫的适应性。

请注意：在严重的胁迫条件下，植株衰老进程加速，因此，应尽早测定。在此阶段进行连续测定，可以评价叶片相对含水量的变化趋势。

（四）每个小区样本量

每小区从不同植株上取 6 片叶进行测定。

（五）步骤

这里描述的是用一个完整叶片测定相对含水量的步骤（修改的 Stocker 测定方法，1929）。另外，也可以采用叶盘测定法。

携带下述设备到田间：
- 剪刀
- 标记的样品管（每个小区一个样品管）
- 冷藏箱

在实验室中必需的设备：
- 半微量分析天平（毫克级）
- 蒸馏水
- 吸水纸
- 烘箱

（六）测定建议

选择群体冠层顶部接受阳光辐射的完全展开叶片，一般为旗叶，也可以在冠层的不同部位取样。取样应尽可能快速有效，剪切和手持叶片样品时应用身体的阴影适当遮挡。通常而言，有个田间助手非常有用。

所有的质量测定应记录至最接近的毫克数（毫克级）。

（七）准备工作

1. 对空的样品管进行编号，并称重（管重）（图 5.1A）。

（八）田间测定

2. 每个小区随机选择 6 个植株，每株剪切 1 片完全展开的旗叶（图 5.1B）。
3. 所取叶片叠放一起并剪去其顶部和基部，去除已干枯或死亡的组织（图 5.1C），留下叶片中段的 5cm，立即放入预先称重的试管并用盖密封（尽量减少样品水分散失或增加）。
4. 立即置入冷却的保温容器中（10~15℃，但不结冰）。
5. 尽快将样品带到实验室。

（九）实验室测定

6. 对所有样品连同样品管一起进行称重（管重+鲜重）。
7. 每个管中加入 1cm 蒸馏水（图 5.1D）。

图 5.1　测量叶片相对含水量

A. 对空样品管进行称重；B. 田间选择并剪切叶片；C. 将叶片放在一起，剪去叶片的近鞘端和叶尖部分；D. 将叶片置入样品管，并加入 1cm 的蒸馏水；E. 将样品管置入冰箱中冷藏；F. 仔细擦干已吸胀的叶片样品；G. 干燥叶片样品

8. 将样品置于冰箱（4℃避光）冷藏 24h（使叶片饱和吸水）（图 5.1E）。
9. 将叶片从管中取出，并迅速且仔细地用吸水纸吸干叶片表面的水分（图 5.1F）。
10. 称取叶片样品质量（吸胀重）。
11. 用锡箔纸包裹叶片，置于烘箱中 70℃ 干燥 24h，或直至恒重（图 5.1G）。
12. 再次称取叶片质量（干重）。

（十）数据和计算

首先，获取叶片样品的鲜重：

$$\text{鲜重} = \text{管重} + \text{鲜重} - \text{管重} \tag{5.1}$$

然后，计算出叶片相对含水量（RWC）：

$$RWC(\%) = [(FW-DW)/(TW-DW)] \times 100 \tag{5.2}$$

式中，FW 为叶片鲜重；TW 为吸胀重；DW 为干重。

（十一）试验样例（表 5.1）

表 5.1　计算灌浆初期严重干旱条件下的旗叶相对含水量

小区	管重（g）	管重+鲜重（g）	鲜重（g）	吸胀重（g）	干重（g）	叶片相对含水量（%）
1	12.065	12.730	0.665	0.985	0.292	53.8
2	12.111	12.920	0.809	1.322	0.350	47.2
3	12.022	12.833	0.811	1.086	0.345	62.9

注：通常情况下吸胀和正常叶片的相对含水量约为 98%，严重干燥和衰老叶片的相对含水量约为 40%，萎蔫状态下叶片的相对含水量为 60%~70%

（十二）故障排除

问题	解决方法
测定值比预期的鲜重值低	剪取的样品未及时置入样品管，样品在空气中停留时间过久，造成叶片水分散失。样品处理应快速高效地进行，剪取和转移样品时应利用身体的影子进行遮挡，尽可能地减少水分散失
测定值比预期的吸胀重高	浸泡后样品的表面干燥不够充分：用吸水纸清理干净，确保样品表面无水分 不能在样品管中加满水，这样会使水分填充于叶片的细胞间空隙，增加吸胀重

参 考 文 献

Barrs, HD. and Weatherley, PE. (1962) A re-examination of the relative turgidity technique for estimating water deficit in leaves. *Australian Journal of Biological Sciences* 15, 413–428.

Stocker, O. (1929) Das Wasserdefizit von Gefässpflanzen in verschiedenen Klimazonen. *Planta* 7, 382–387.

延 伸 阅 读

Hewlett, JD. and Kramer, PJ. (1963) The measurement of water deficits in broadleaf plants. *Protoplasma* 57, 381–391.

Smart, RE. and Bingham, GE. (1974) Rapid estimates of relative water content. *Plant Physiology* 53, 258–260.

Turner, NC. and Jones, MM. (1980) Turgor maintenance by osmotic adjustment: a review and evaluation In: Turner, NC. and Kramer, PJ. (Eds.) *Adaptation of plants to water and high temperature stress*, pp: 87–103.

Weatherley, PE. (1950) Studies in the water relations of the cotton plant. I. The field measurement of water deficits in leaves. *New Phytologist* 49, 81–97.

（肖永贵 译）

第六章　碳同位素分辨力

Marta Lopes, Daniel Mullan

　　碳同位素分辨力（CID）是针对气孔导度的一个综合指标（Farquhar et al., 1989）。小麦是 C3 植物，由于受其气孔和光合作用酶（Rubisco）偏好结合的影响，光合作用进行二氧化碳固定时，通常对所结合的碳元素进行判别（Δ），优先选择较轻的 ^{12}C，极少选择较重的 ^{13}C。这种碳元素的选择差异与叶片细胞间隙的二氧化碳水平及在恒定的叶片-空气蒸气压差的条件下的水分吸收（即可利用性和导管传导率）均呈显著正相关，但与蒸腾效率呈显著负相关。植物叶片上整体气孔的开度越大，叶片的气体交换速率随之增加得越多，植物 ^{12}C 固定越多，同时伴随着越高的水分散失（Condon et al., 1990）。测定植物干物质中的 CID，能综合反映被测组织在此发育阶段的蒸腾效率。CID 已被作为一个筛选工具用于鉴定小麦品种的水分利用效率的变异，也已用于高水分利用效率和抗旱小麦品种的选育。

　　测定结果的分析取决于被测样品的组织及其生长环境。例如，在充分灌溉条件下，测定生长发育早期冠层叶片的 CID——这种情况下，品种基因型对 CID 的影响主要与其蒸腾效率有关；然而在干旱胁迫条件下，测定成熟期的籽粒 CID——这种情况下，基因型对 CID 的影响通常很可能与其蒸腾速率有关。此外，CID 测定值也受水分胁迫之外的环境因素影响，如对病虫害的响应、肥料的有效性和土壤条件的制约。植株早期发育阶段，在未受水分或其他环境胁迫之前，CID 代表着其潜在的蒸腾效率。根系深度或物候期均对 CID 测定值有影响。该方法已经在澳大利亚成功用于提高雨养型小麦系统中的籽粒产量，其选择是针对低 CID 进行的（Rebetzke et al., 2002）。在成熟期测定的籽粒 CID 值综合地、几乎历史性地反映了整个生育期的水分利用效率，从这个例子来看，在墨西哥小麦籽粒产量的提高与 CID 的增加（即低蒸腾效率）密切相关（Sayre et al., 1995）。

（一）地点及环境条件

　　任何环境条件均可采集样品进行测定。叶片取样时，最重要的是取样前应对每个测定小区进行充分灌溉（这样做可确保蒸腾效率的测定不受因基因型对干燥土壤的遗传响应不同而造成的影响）。

（二）时间

　　取样可以在白天的任何时段进行。

（三）植物发育阶段

　　三叶期（GS13）后的幼苗阶段可以对叶片进行取样。
　　籽粒样品应在生理成熟期（GS87）后进行取样。

（四）每个小区样本量

叶片样品，应在每个小区的不同植株上随机选取 10~20 个叶片，避免在边行取样。籽粒样品，应从每个小区收获后的种子中取样，取样前应保证样品混合均匀且晾晒干燥。

（五）步骤

携带下述设备到田间：
- 带有标签的袋子
- 剪刀

（六）测定建议

需要注意的是，使用除草剂或杀虫剂会对植物的气体交换有潜在影响，容易混淆测定结果。因此，整个试验过程的农事操作都要详细记载，必要时可用于解释 CID 值的测定值。建议：包括几个双份样品用于同位素分析，以检测分析结果的一致性，通常重复测定大约 10%的样品。

（七）准备工作

1. 准备标记好的纸袋用于烘干样品。叶片样品：使用有孔的中型纸袋以提高烘干效率（打孔时，应确保每个袋子的孔型类似）。籽粒样品：使用小纸袋或信封。

（八）试验测定

叶片样品：
2. 每个小区选择 10~20 个单株，用剪刀剪取其最新的完全展开叶片。
3. 把叶片置于预先标记的纸袋中。
籽粒样品：
从每小区收获的种子中取 2~5g 籽粒，但取样前应确保种子充分混匀。

（九）实验室测定

待测样品的制备：
4. 叶片样品采集后应尽快置于烘箱中 75℃干燥 48h；籽粒样品足够干燥即可，也可在烘箱中进行干燥处理。
5. 研磨叶片/籽粒样品（如使用 0.5mm 筛孔的样品磨）。每个样品研磨前，应使用高压气泵仔细清理研磨机，以免样品混杂。
6. 将研磨后的样品置于带有编号的信封中。
7. 在干燥的室温下保存待测样品。

（十）质谱法分析碳同位素

样本的质谱分析通常由专业实验室进行。简单地说，先将这些少量、均质且精准测量的固体样品（1~5mg）进行高温（1400~1800℃）处理，以产生 CO_2 和 N_2 气体。由同位素比率质谱仪测定碳和氮的同位素形式。确保按照实验室规定的具体试验程序进行操作。

（十一）数据和计算

（1）碳同位素组成（$\delta^{13}C$）的计算

质谱仪会产生稳定碳同位素组成（$\delta^{13}C$）的分辨值，以千分之几的负值表示（‰）（Farquhar et al.，1989）：

$$\delta^{13}C（‰）= [（R_{样品}/R_{标准}）-1]\times 1000 \tag{6.1}$$

式中，样品的重同位素原子丰度与轻同位素原子丰度的比值（$R=^{13}C/^{12}C$）是以拟箭石化石（Peedee belemnite，PDB）为标准参照物比较得到的。例如，一个 –28‰ 的 $\delta^{13}C$ 样品值意味着 $^{13}C/^{12}C$ 与标准物质 PDB 的值相比较低了 28 个千分点。C3 植物的稳定碳同位素组成（$\delta^{13}C$）的大致范围为 –35‰~–20‰，C4 植物的范围为 –17‰~–9‰。

（2）碳同位素分辨力（$\Delta^{13}C$）计算

根据 Farquhar 等（1989）提出的公式计算碳同位素分辨力，而不是计算碳同位素的组成值（$\delta^{13}C$），利用简单的数据分析方法计算得到正的 CID（$\Delta^{13}C$）值：

$$\Delta^{13}C = [（\delta_a - \delta_p）]/[1 + （\delta_p/1000）] \tag{6.2}$$

式中，δ_a 和 δ_p 分别为大气和植物样品的稳定碳同位素组成。

与 PDB 值相比，当前大气中的二氧化碳（δ_a）组成约为 –8‰（Farquhar et al.，1989），尽管这个值在不同地点间存在差异（–9‰~–7.5‰），而且由于森林砍伐和使用化石燃料所带来的影响，该值随着年份的增加呈减少趋势（每年降低 0.02‰~0.03‰）。因此，为了比较不同地点、环境数据（温室或生长室中的值为 10‰~13‰）和年份的试验数据，每个试验都测定实际大气中的碳同位素组成非常有用。

例如，如果 $\delta^{13}C$ 值是 –28：

$$\Delta^{13}C = [-8 - （-28）]/[1 + （-28/1000）]$$
$$= 20/0.972$$
$$= 20.58$$

良好灌溉条件下，通常具有较高蒸腾效率的植物叶片表现出较低的 $\Delta^{13}C$ 值（即较低的分辨力）。

水分胁迫条件下，植物生产的籽粒具有较低的 $\Delta^{13}C$ 值，并与水分吸收负相关，与蒸腾效率正相关。

（十二）故障排除

问题	解决方法
由于样品污染造成的反常数据（通常检测到的 C 具有非常高的峰值，极易改变样品中的同位素比率）	所有与样品接触的材料（研钵、研棒、药匙、Eppendorf 管等）在使用之前都必须用乙醇清洁，确保无尘 另外，研磨粉碎样品时，应首先用高压气泵清理干净磨粉机
叶片样品中 $\Delta^{13}C$ 值极低	取样时样品没有得到充分灌溉 确保取样后立即对样品进行干燥处理，因为碳同化物的呼吸损耗（发生在剪取样品后的一段时间）会改变样品中的同位素比值

参 考 文 献

Condon, AG., Farquhar, GD. and Richards RA. (1990) Genotypic variation in carbon isotope discrimination and transpiration efficiency in wheat. Leaf gas exchange and whole plant studies. *Australian Journal of Plant Physiology* 14, 9–22.

Farquhar, D., Ehleringer, JR. and Hubick, KT. (1989) Carbon isotope discrimination and photosynthesis. *Annual Review of Plant Physiology and Plant Molecular Biology* 40, 503–537.

Rebetzke, GJ., Condon, AG., Richards, RA. and Farquahr, GD. (2002) Selection for reduced carbon isotope discrimination increases aerial biomass and grain yield of rain fed bread wheat. *Crop Science* 42, 739–745.

Sayre, KD., Acevedo, E. and Austin, RB. (1995) Carbon isotope discrimination and grain yield for three bread wheat germplasm groups grown at different levels of water stress. *Field Crops Research* 41, 45–54.

延 伸 阅 读

Araus, JL., Slafer, GA., Reynolds, MP. and Royo, C. (2002) Plant breeding and drought in C3 cereals: what should we breed for? *Annals of Botany* 89, 925–940.

Condon, AG., Richards, RA., Rebetzke, GJ. and Farquhar, GD. (2004) Breeding for high water-use efficiency. *Journal of Experimental Botany* 55, 2447–2460.

Khazaie, H., Mohammady, S., Monneveux, P. and Stoddard, F. (2011) The determination of direct and indirect effects of carbon isotope discrimination (Δ), stomatal characteristics and water use efficiency on grain yield in wheat using sequential path analysis. *Australian Journal of Crop Science* 5(4), 466–472.

Monneveux, P., Reynolds, MP., Trethowan, R., González-Santoyo, H., Peña, RJ. and Zapa, F. (2005) Relationship between grain yield and carbon isotope discrimination in bread wheat under four water regimes. *European Journal of Agronomy* 22, 231–242.

Richards, RA. (2006) Physiological traits used in the breeding of new cultivars for water-scarce environments. *Agricultural Water Management* 80, 197–211.

（肖永贵 译）

第二篇

光谱反射率指数及色素测定

第七章 光谱反射率

Julian Pietragalla, Daniel Mullan, Raymundo Sereno Mendoza

植物冠层对不同波长光的反射率受其光学特性的影响,并能产生反映作物冠层组成成分(如蛋白质、木质素、纤维素、糖、淀粉、水等)的独特光谱特征。通常使用地物光谱仪(和光谱辐射仪)测量冠层的光谱反射率,其光谱范围通常为 350~1100nm,最大可延伸至 350~2500nm。这种连续的光谱范围包含可见光和近红外区域的电磁波谱,涵盖了大多数冠层相关指数所需的波长范围。基于对植物冠层光学特性的理解,现已开发出一系列极为有用的测量指标,便于对生理性状的选择。

通过对反射光谱的测量与分析可以获得大量的与作物冠层生理状态相关的信息,如估算植被、色素和水分指数(表 7.1,图 7.1)。利用这些数值可以估计绿色器官的生物量、冠层的光合面积、冠层吸收的光合有效辐射;同时在作物不同的发育阶段,使用光谱反射率指数也可估算作物的光合势、品种特性(如蜡质和冠层结构)及籽粒产量。还可利用这些测量值估算叶绿素及类胡萝卜素的含量、辐射利用效率(RUE)及水分含量等参数的变化,进而评估营养缺乏与环境胁迫对作物生长发育的影响。

表 7.1 小麦冠层分析常用的光谱反射率指数[包括植被指数(VI)、色素相关指数(PI)和水分指数(WI)]

指数	名称	生理过程	类别	计算公式
NDVI	归一化植被指数	绿色面积,光合能力,氮肥状态	VI	$(R_{900}-R_{680})/(R_{900}+R_{680})$
R-NDVI	红度归一化植被指数	绿色面积,光合能力,氮肥状态	VI	$(R_{780}-R_{670})/(R_{780}+R_{670})$
G-NDVI	绿度归一化植被指数	绿色面积,光合能力,氮肥状态	VI	$(R_{780}-R_{550})/(R_{780}+R_{550})$
SRa	简单比率	绿色生物量	VI	R_{800}/R_{680} 和 R_{900}/R_{680}
RARS$_a$	反射光谱叶绿素 a 比率分析	叶绿素 a 含量	PI	R_{675}/R_{700}
RARS$_b$	反射光谱叶绿素 b 比率分析	叶绿素 b 含量	PI	$R_{675}/(R_{650} \cdot R_{700})$
RARS$_c$	反射光谱类胡萝卜素比率分析	胡萝卜素含量	PI	R_{760}/R_{500}
NPQI	归一化脱镁叶绿素反应指数	正常叶绿素降解;也用于评估物候学及病虫害	PI	$(R_{415}-R_{435})/(R_{415}+R_{435})$
SIPI	结构独立色素指数	胁迫相关的衰老	PI	$(R_{800}-R_{435})/(R_{415}+R_{435})$
PRI	光化学反射指数	额外辐射损耗	PI	$(R_{531}-R_{570})/(R_{531}+R_{570})$
WI	水分指数	植物水分状态	WI	R_{970}/R_{900}
NWI-1	归一化水分指数 1	植物水分状态	WI	$(R_{970}-R_{900})/(R_{970}+R_{900})$
NWI-2	归一化水分指数 2	植物水分状态	WI	$(R_{970}-R_{850})/(R_{970}+R_{850})$
NWI-3	归一化水分指数 3	植物水分状态	WI	$(R_{970}-R_{880})/(R_{970}+R_{880})$
NWI-4	归一化水分指数 4	植物水分状态	WI	$(R_{970}-R_{920})/(R_{970}+R_{920})$

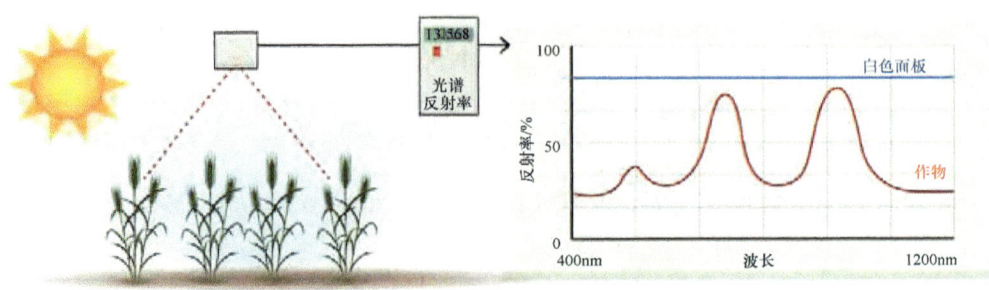

图 7.1 作物冠层光谱反射率的测定

（一）地点及环境条件

测定条件如下。
- 天空晴朗：有云或阴天条件会增加冠层的散射（间接）辐射总量，增加冠层的透光度及光合色素吸收的辐射量，进而导致植被指数估算偏高。
- 无风：即使是微风条件也会影响冠层结构，使得计算的光谱指数失真。
- 叶片表面无露水或水分：叶表面的水分会改变冠层内光的反射，从而使测定值失真。

一般情况下，在外界测定环境的不稳定因素增多时，应该增加白色参考面板校正测量的频率。

（二）时间

测定尽可能在正午前后完成，通常在 11：00~14：00 最佳。

（三）植物发育阶段

可在作物的任何发育阶段进行测定，也可根据试验目的/胁迫峰值出现的时间，从拔节初期至灌浆后期以固定的时间间隔进行测定。如果是基因型之间的比较，不建议在拔节期及扬花期进行测定，因为不同基因型的物候期差异可能会影响最终的结果。

通常在分蘖中期和孕穗末期测定两次，然后在灌浆期间测定两次。

（四）每个小区样本量

每个小区以固定的姿势测 3~6 次，每次光谱平均采样次数不小于 10 次（以确保减少信号噪音）。

（五）步骤

携带下述设备到田间：
- 地物光谱仪，配备适当的前视场角镜头（可用于小麦冠层的测定）；
- 白色光谱参考面板及可使其在大田中保持一个固定和水平位置的支架。

（六）测定建议

确定探头在作物冠层上的位置及前视场与冠层间的距离时，应当注意考虑探头的视野区域。通常，对于大多数植被、色素及水分指数而言，探头前视场必须集中在作物行的上方。然而，对于辐射作用效率判定，考虑到整个冠层区的辐射拦截，探头的视野区域必须包括行及行与行之间的间隙。

增大测量区域的两种方式：①打开视场角；②增加探头到测量目标的距离。

光谱仪的主要设置有两个：①积分（曝光）时间，也就是打开探头和记录辐射强度的总时间。根据光谱仪的硬件配置（如前视场、滤光镜、光栅/扩散器、校正器等）及日光或所使用光源的质量，这个设置可能有所差异。②每个数据点平均读取次数，也就是光谱读取和平均产生一个单数据点的次数。每个点的读取次数越多，数据差异越小，但会增加测量时间（最多 10 次）。

影响冠层电磁辐射反射率的重要因素如下。

- 冠层结构和形态：株型（如紧凑型和平展型）、白霜表型（蜡质）、穗（有无、大小及密度）、芒（长度及颜色）均可影响反射率。因此，各基因型群体具有相似的物候发育阶段是十分重要的。
- 入射辐射的数量及角度：由于太阳的移动及云层的覆盖，其在一天中持续变化。这些变化在不同程度上影响反射率及参数指标的计算。因此每测量 15~30 个小区，重复进行白板和黑板的参考校正十分重要。

（七）准备工作

确保光谱仪与控制电脑连接牢固，且其电池电量充足。

1. 打开光谱仪，预热大约 10min。为了安全建立连接，通常是先打开光谱仪，然后再打开控制电脑（这可能随特定设备而不同）。

2. 打开电脑上的数据采集软件。设置数据采集文件（包括测量日期和试验信息）。

（八）初始测定

3. 开始首次测定之前，必须进行仪器校准。

调整光谱仪的配置，包括前视场的使用、积分时间、每个数据点平均读取次数。探头前视场向下的最低点位置（也就是直接向下距离）应超过白色参考板的固定位置（通常是 60~200cm）；手动设置积分时间，使白色参考反射读取峰值最大为 75%~85%，这样可使白色参考值在任何波长的反射率值都是不饱和的，而对数据的解释却不至于太低。在测定时，每测量 15~30 个小区应进行一次白板反射校正（细节如下）。

（九）试验测定

4. 检测"暗读数"，建立仪器的较低参考点（图 7.2A）。

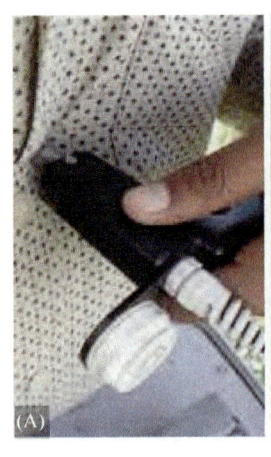  

图 7.2　用光谱仪进行测量
A. 暗读数；B. 白光读数；C. 冠层读数

- 完全包裹光纤末端，使光谱仪无法探测到光源。
- 这个参考线将是一个反射率值为 0 的直线。

"暗读数"的频率依据仪器运行时间的长短而定。当初始打开仪器时，"暗读数"可以每 10min 进行一次，随着仪器升温到操作温度，基线测量值会发生改变。一旦出现这种情况，应该同时进行"暗读数"和"白光读数"的校正。

5. 检测"白光读数"，建立仪器的较高参考点（图 7.2B）。

- 手握测试探头，垂直对准于白色参考板的中心。
- 点击软件上白光优化按钮。
- 这个参考线将是一个反射率值为 1 的直线。然而，由于大气干扰（如空气湿度较大），读数经常有一些信号噪音。

这步测量将从可能获得的入射辐射中得到最大的反射率。参考板测量为冠层提供一个光谱入射值，进而可用于获得一个与冠层光谱反射率值的比率。当入射辐射强度随太阳天顶角及外界其他环境条件的变化而持续变化时，频繁地进行白板校正尤为重要。每测 15~30 个小区应进行一次白板校正，但随太阳天顶角度的变化，白色校正应更加频繁。

6. 获得试验数据。

可以手持或使用吊杆辅助，使前置光学系统保持在冠层上方 60~200cm 位置。实际距离可根据试验设计及仪器的差异进行调整，但应当考虑到冠层区域，植株行间距及所使用的前置光学系统的视野区域。在测量过程中，要始终保持前置光学系统处于垂直状态（图 7.2C）。

（十）数据和计算

根据仪器设置，数据可以由内置的软件直接进行处理，也可以下载并导入 Excel 表中。数据通常包含 5 列，分别是：

- 波长（nm）
- 白光参考值（光强；counts）

- 黑暗参考值（光强；counts）
- 样品光谱（光强；counts）
- 处理后的样品光谱（反射率；%）

使用公式 7.1 计算植物冠层反射率（CR）：

$$CR（\%）=（样品 - 黑暗）/（白光 - 黑暗）\times 100 \quad (7.1)$$

图 7.3 显示的是与白光和黑暗参考值相比，小麦冠层辐射反射的典型结果；图 7.4 显示的是在墨西哥西北部的两个环境条件下（灌溉和干旱）的冠层反射率（%）。

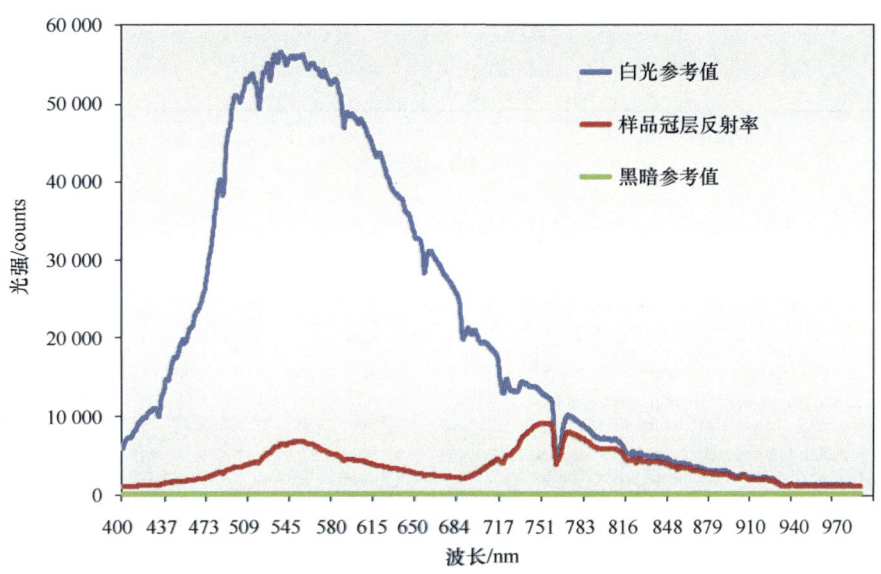

图 7.3　小麦冠层、白光参考及黑暗参考的辐射反射值

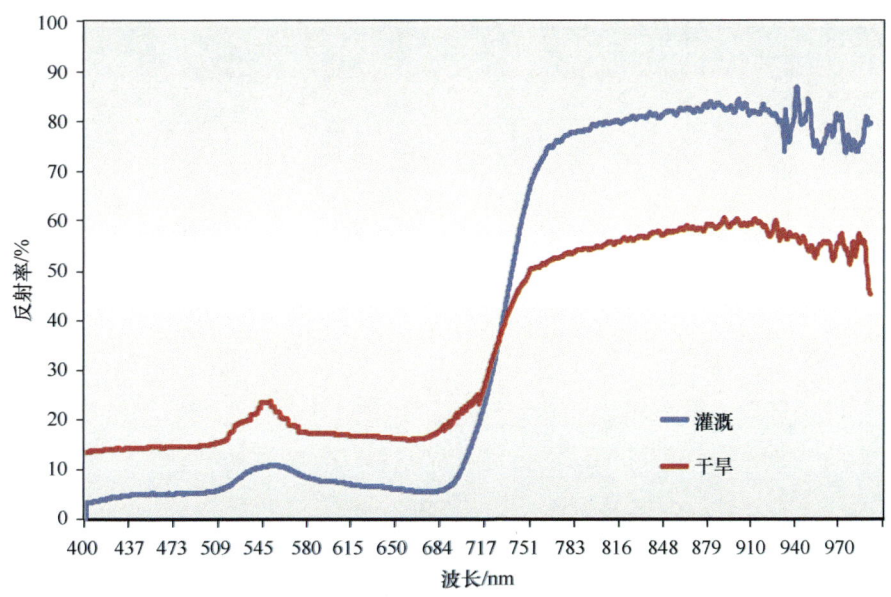

图 7.4　在墨西哥西北部灌溉及干旱条件下小麦的冠层反射率（%）

（十一）故障排除

问题	解决方法
样品测定1h后，读数（白光/反射率）显示饱和	确定在测量开始时，手动设置积分时间，使白色参考反射的读数最大为75%~85%
标准的白色参考板十分昂贵	可以用硫酸钡与白乳胶漆混合制作一个
试验过程中前后数值不一致	当进行遥感测量及光谱结果解析时，有许多重要的因素需要考虑。许多因素都可能影响冠层电磁辐射的反射率，包括以下几方面： —冠层结构和形态 —冠层覆盖度 —入射辐射的几何结构 —遮光度 —云层的出现 —附近物体的存在

延 伸 阅 读

Aparicio, N., Villegas, D., Araus, JL., Casadesus, J. and Royo, C. (2002) Relationship between growth traits and spectral vegetation indices in durum wheat. *Crop Science* 42, 1547–1555.

Babar, MA., van Ginkel, M., Reynolds, MP., Prasad, B. and Klatt, AR. (2007) Heritability, correlated response, and indirect selection involving spectral reflectance indices and grain yield in wheat. *Australian Journal of Agricultural Research* 58, 432–442.

Blackburn, GA. (2006) Hyperspectral remote sensing of plant pigments. *Journal of Experimental Botany* 58, 855–867.

Gutierrez, M., Reynolds, MP. and Klatt, AR. (2010) Association of water spectral indices with plant and soil water relations in contrasting wheat genotypes. *Journal of Experimental Botany* 61(12), 3291–3303.

Osborne, SL., Schepers, JS., Francis, DD. and Schlemmer, MR. (2002) Use of spectral radiance to estimate in-season biomass and grain yield in nitrogen- and water-stressed corn. *Crop Science* 42, 165–171.

Peñuelas, J., Filella, I., Biel, C., Serrano, L. and Savé, R. (1993) The reflectance at the 950-970 nm region as an indicator of plant water status. *International Journal of Remote Sensing* 14, 1887–1905.

Peñuelas, J., Filella, I. and Gamon, JA. (1995) Assessment of photosynthetic radiation-use efficiency with spectral reflectance. *New Phytologist* 131(3), 291–296.

Prasad, B., Carver, BF., Stone, ML., Babar, MA., Raun, WR. and Klatt, AR. (2007) Potential use of spectral reflectance indices as a selection tool for grain yield in winter wheat under Great Plains conditions. *Crop Science* 47, 1426–1440.

Wiltshire, J., Clark, WS., Riding, A., Steven, M., Holmes, G. and Moore, M. (2002) Spectral reflectance as a basis for in-field sensing of crop canopies for precision husbandry of winter wheat. *HGCA Project Report No. 288*. Home Grown Cereals Authority, Caledonia House, London, UK.

Zhao, C., Wang, J., Huang, W. and Zhou, Q. (2009) Spectral indices sensitively discriminating wheat genotypes of different canopy architectures. *Precision Agriculture* 11, 557–567.

（曹新有 译）

第八章　归一化植被指数

Julian Pietragalla, Arturo Madrigal Vega

归一化植被指数（NDVI）已广泛应用于地表，以及从低空、高空和卫星高度对绿色植被及冠层光合作用大小的测量。便携式 NDVI 测量仪（图 8.1）能够快速地对作物进行地表水平的测量，解析叶面积指数、绿色面积指数、生物量及养分含量（如氮素）等冠层的相关特性。所得数据可用于预测产量、评估生物量的积累及生长速率、评估地表覆盖和早期幼苗长势、估计衰老模式、检测生物及非生物胁迫等方面。NDVI 技术也可用于精准农业的决策：如根据对杂草发生情况的检测确定是否喷洒除草剂，根据作物的氮素状况确定氮素施用的频率及时间。

归一化植被指数是利用光谱中红光和近红外波段的反射率进行计算的。健康的绿色冠层吸收大部分的红光，反射大部分的近红外光；因为叶绿素主要吸收的是蓝、红光，而叶肉则反射近红外光。

$$\text{NDVI} = (R_{\text{NIR}} - R_{\text{Red}}) / (R_{\text{NIR}} + R_{\text{Red}}) \tag{8.1}$$

式中，R_{NIR} 代表近红外光谱反射率，R_{Red} 代表红光反射率（译者注）。

大多数便携式测量仪都是"主动型"的（即它们具有内置光源），可在任何光照情况下进行测量，且不同日期和时间的测量数据都具有可比性。

图 8.1　便携式 NDVI 测量仪

A. 便携式 NDVI 测量仪；B. 在 GS31 期的大田操作；C. 在籽粒灌浆期的大田操作

（一）地点及环境条件

对于"主动型"的测量仪，测量可在任何光照条件下进行（但对于无内置光源的 NDVI 测量仪，则必须在晴朗无云的条件下测量）。测量时，有风甚至是微风都可能改变冠层结构。同时，植物表面要干燥，没有被露水、灌溉及雨水打湿也很重要。

（二）时间

对于"主动型"的测量仪，可以在一天的任意时间进行测量。对于无内置光源的 NDVI 测量仪，测量尽可能在正午前后进行，通常在 11：00~14：00 时测量效果最佳。

（三）植物发育阶段

可在作物的任何发育阶段进行测定，也可根据试验目的/胁迫峰值出现的时间，从出苗期到生理成熟期以固定的时间间隔进行测定。如果是基因型之间的比较，不建议在拔节期及扬花期进行测定，因为不同基因型的物候期差异可能会影响最终的结果。

- 早期幼苗长势的测定：可分别在出苗后 5 天、10 天和 15 天测量三次，对基因型分级。建议所有基因型的种子来源应相同，因为来自不同环境的种子生长发育过程中会表现出差异，从而影响最终的试验分析。
- 生物和非生物胁迫的检测：可在胁迫发生的前、中、后期分别进行测量。利用 NDVI 区分出感和耐/抗的基因型。
- 生物量积累和作物生长速率的测定：从出苗后到扬花后期，定期进行测量，估算生物量的积累，计算作物生长速率。
- 测定作物衰老、持绿和籽粒灌浆的持续时间：从扬花期到生理成熟期，每周测量一次。基因型的冠层绿色面积、绿度及其持续时间与产量具有较高的相关性。

（四）每个小区样本量

在固定时间内完成每个小区的测量（依据小区的大小）；如 5m 长的小区大约用 5s。

（五）步骤

下面描述使用手持式 Ntech "GreenSeeker" NDVI 仪（"主动型"测量仪）在大田测量的操作步骤。

携带到田间的设备便携式 NDVI 测量仪：

（六）测定建议

在进行测定时，确保所持测量仪的探头：

- 保持稳定水平，使探头的视野区始终在作物冠层的正上方。
- 始终对准测量小区上方，通常集中在中间行，理想的视场角应覆盖到两行或多行（图 8.1C，图 8.2B）。
- 保持在作物上方 60~120cm——在最优距离范围内的读数不受高度差异的影响（查看制造商的建议）。从苗期到拔节初期，不同基因型间的冠层高度差异可以忽略不计，但是，在抽穗之后，不同基因型间的冠层高度可能会有差异。因此，为了使测量探头与作物冠层间的距离保持一致，在测量不同小区时，应对探头高度进行调整。在探头的后面系一个加重的细绳，有助于操作者测量时保持探头与作物冠层间的高度一致（图 8.1C）。

匀速（通常 1m·s^{-1}）移动。当扣动扳机后，大部分便携式 NDVI 测量仪可每秒进行固定次数的测量，然后提供这些数据的平均值。沿着行的方向前后往返进行测量，可以不考虑试验设计，因为通常在办公室里重新排列数据要比在大田里按小区号进行测量容易得多。

植物在不同发育阶段具有不同的结构并呈现出源库关系的差异，会影响到结果的分析，因此控制不同群体的开花期这一物候期一致是十分必要的。可以依据开花期将群体划分为早和晚两种类型，分别进行鉴定，从而校正这种影响。开花期差异在 10 天以内比较合理。

（七）准备工作

确保测量仪装置和掌上电脑的电池电量充足（通常需要＞6h）。

检查 GreenSeeker 测量仪的探头、电池组，连接伸缩管和掌上电脑。

检查测量仪探头与地表的角度（应该是平行的），通过调整测量仪探头的角度和伸缩管来确保测量探头与冠层的距离。

调整肩带使仪器的质量分布较为平衡，可以使测量较为舒适地进行。

1. 打开 GreenSeeker 测量仪和掌上电脑后，预热约 10min。进入"START"＞"PROGRAMS"，运行"NTECH CAPTURE"软件；然后进入到"SENSOR"＞"START GREENSEEKER"。选择"LOGGING PLOTS"模式，将显示三个单位格。

（i）SAMPLE NO：显示测量小区的数目。

（ii）NDVI：显示上一个小区的 NDVI 值。

（iii）AVG NDVI：显示之前所有测量小区的 NDVI 平均值。

现在测量仪就准备好了。

（八）试验测定

2. 将测量仪置于小区开始测量的位置（见测量建议）。用力按住扳机通过小区，当到达小区末端时，松开扳机。当按住扳机时会发出持续的蜂鸣声。

3. 沿着行的方向上下往返进行测量，可以不考虑试验设计（图 8.2）。如在测量时出错，记下样品号，在数据处理时进行更正。

（九）测定完成

4. 全部试验测量结束后，进入"FILE"＞"SAVE"，输入文件命名（如试验名称和日期）。

5. 保存的数据可以用随仪器提供的软件下载。通常下载的数据是"comma delimited

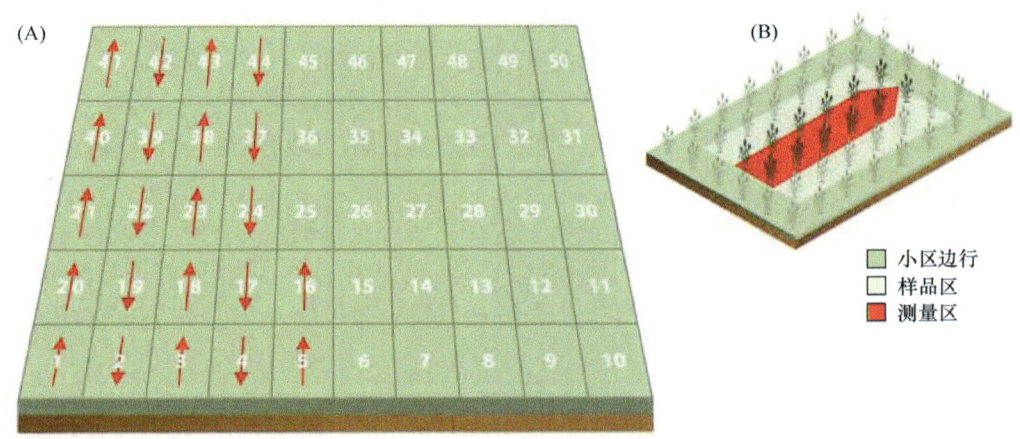

图 8.2 田间小区

A. 大田小区分布图及测量方向（样品小区顺序为：1、20、21、40、41、42、39、22…）；B. 每个小区样品的测定区域：测量仪通过小区的中间行，不包括边行

（逗号隔开）"文本文件，并可导入 MS Excel。

（十）数据和计算

首先，对于测定的样品号与小区号顺序不同时，必须对下载数据进行重新排序。每一个试验应该建立三个独立的文本文件：①每个测量点（每秒约 10 个值）的归一化植被指数（NDVI）与植被指数（VI）（红/近红外）值的一般文件；②每个测定小区的"平均归一化植被指数"与植被指数数据文件；③诊断信息的文件（后缀以"DIAG"表示）。

通常使用"平均归一化植被指数"文件。作物冠层的 NDVI 值为 0~1（注：0 代表没有绿色面积；1 代表最大的绿色面积）（表 8.1）。

表 8.1 测量样品的平均归一化植被指数及植被指数

时间（ms）	小区	计数	归一化植被指数	植被指数_2
173 610	1	29	0.542 83	0.307 48
178 610	2	25	0.457 32	0.383 88
184 410	3	35	0.607 63	0.255 26

（十一）故障排除

问题	解决方法
数据方差分析具有大量误差	NDVI 测量仪没有集中在小区上方，和/或测量小区太小，具有较大的边际效应
反射率值易变和/或误差方差较大	电量较低导致光源强度变弱，从而影响反射率值（即"主动"传感器变为一个"被动"传感器）
记录了无意义的值	记下小区号及错误，在数据分析的过程中删除这个无意义的值
生物量与 NDVI 值无相关性	在试验中有株高混杂效应。可将群体里表现相似的株系分组进行数据校正

延 伸 阅 读

Araus, JL. (1996) Integrative physiological criteria associated with yield potential. In: Reynolds, MP., Rajaram, S. and McNab, A. (Eds.). *Increasing yield potential in wheat: breaking the barriers* CIMMYT, Mexico, D.F.

Gutierrez-Rodriguez, M., Reynolds, MP., Escalante-Estrada, JA. and Rodriguez-Gonzalez, MT. (2004) Association between canopy reflectance indices and yield and physiological traits in bread wheat under drought and well-irrigated conditions. *Australian Journal of Agricultural Research* 55(11), 1139–1147.

N Tech Industries (2011) Greenseeker. Available at: http://www.ntechindustries.com/greenseeker-home.html (accessed 13 August 2011).

Oaklahoma State Univeristy (2011) Nitrogen use efficiency. Available at: http://www.nue.okstate.edu/ (accessed 13 August 2011).

Raun, WR., Solie, JB., Johnson, GV., Stone, ML., Lukina, EV., Thomason, WE. and Schepers, JS. (2001) In-season prediction of potential grain yield in winter wheat using canopy reflectance. *Agronomy Journal* 93(1), 131–138.

Verhulst, N. and Govaerts, B. (2010a) *The normalized difference vegetation index (NDVI) GreenSeekerTM handheld sensor: Toward the integrated evaluation of crop management. Part A: Concepts and case studies.* CIMMYT, Mexico, D.F.

Verhulst, N. and Govaerts, B. (2010b) *The normalized difference vegetation index (NDVI) GreenSeekerTM handheld sensor: Toward the integrated evaluation of crop management. Part B: User guide.* CIMMYT, Mexico, D.F.

（曹新有 译）

第九章 叶绿素含量

Debra Mullan, Daniel Mullan

叶绿素是一种吸收太阳光的绿色光合色素（主要吸收电磁波谱的蓝色和红色部分），能将这些能量传输到光合系统的反应中心。利用手持式蓄电池便携光学测定仪（如 Minolta SPAD502 叶绿素仪）可对叶片（或其他绿色组织）的叶绿素含量进行快速、无损伤测量。其原理是通过透光率来衡量叶绿素含量（在 650nm 的红光吸收率，在 940nm 的红外光吸收率），从而补偿了叶片厚度的差异。

叶绿素含量作为整个复杂光合系统的一个指标，可以代表光合势。叶绿素含量的损失，即"缺绿症"，是作物在高温、干旱、盐、营养缺乏、老化等胁迫下的表现，也是光合势降低的反映。然而，应当注意，叶绿素仪测定的仅是一个"点"，而通过整合整体冠层叶面积的测量值有利于反映整个区域冠层的叶绿素含量，这可以通过用仪器测量冠层反射率来实现（如 NDVI 测量仪；见本书第八章）。

（一）地点及环境条件

可在任何环境条件下进行测量。但是叶片表面要干燥，没有被露水、灌溉及雨水打湿，这一点很重要。

（二）时间

可在一天中的任何时间进行测量。

（三）植物发育阶段

可在作物的任何发育阶段进行测定，也可根据试验目的/胁迫峰值出现的时间，从拔节初期至灌浆中期以固定的时间间隔进行测定。

- 叶绿素含量的峰值：应当在抽穗初期到灌浆中期进行两次测量。对于胁迫处理，叶绿素含量在处理早期最大，而胁迫的强度及试验条件决定测定的最佳时间。在严重胁迫条件下应尽早进行测量，因为植物将会很快衰老。
- 持绿性及衰老模式检测：从灌浆中期开始至生理成熟期，每隔固定时间间隔进行测量（每 4~7 天一次）。

（四）每个小区样本量

每个小区 5 个叶片，每个叶片测量三次（也就是 3×5 个叶片）。

（五）步骤

使用手持式叶绿素仪 SPAD502（Minolta）进行测量时，可遵照其说明进行操作（图 9.1）。

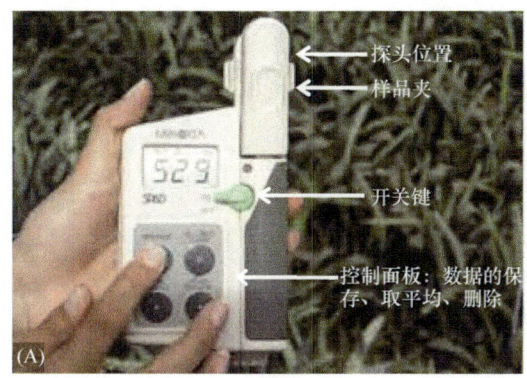
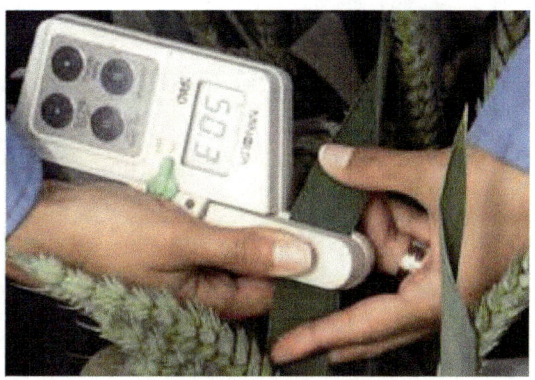
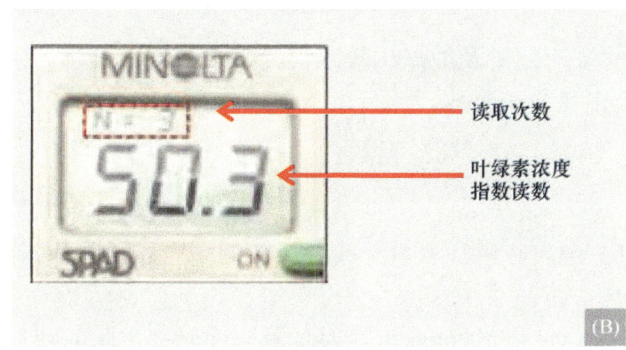
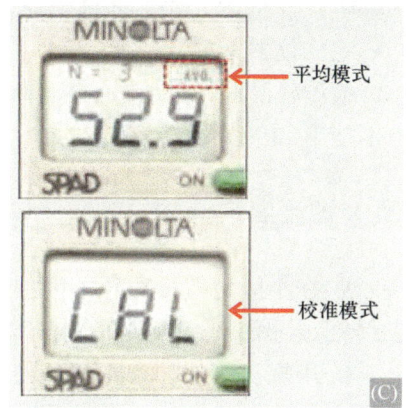

图 9.1　Minolta SPAD502 叶绿素仪的使用

A. 仪器的主要部分；B. 在旗叶的中间部位进行测量，确保仪器的样品夹不在中脉或主脉上，进而显示出叶绿素指数读数；C. 平均模式和校准模式

携带下述设备到田间：
- 手持式叶绿素仪
- 田间记载表和纸夹板

（六）测定建议

虽然测量下部叶片可以评估冠层的叶绿素分布，但通常是测量旗叶（叶片完全展开）。叶片必须清洁、干燥、完好、呈绿色，且没有病害和机械损伤。

测量的一致性十分重要。始终把近轴面（上表面）朝向仪器，避免将叶片的中脉、主脉或特别厚的部位放入样品室。通常测量位置在从茎秆着生处到叶片的 1/3~1/2。

仪器上的读数不是绝对的叶绿素值，而是叶绿素浓度指数（CCI；范围为 0~99.9）。该仪器的内存中最多可存储 30 个测量值，仪器关闭后，将自动清除存储的数据（注意，有些仪器具有可下载的记忆模式）。

对于持绿性及衰老研究，需要对所选叶片进行重复检测，强烈建议用彩色胶带在茎秆的穗下节上进行标记，从而方便再次定位测量。

（七）准备工作

确保样品室清洁，样品室周围的橡皮密封圈是完整和清洁的（不然光可能进入样品室，使读数不准确）。

1. 打开叶绿素仪，预热约 10min。

（八）初始测定

2. 第一次测定之前必须进行仪器校准（图 9.1C）。
- 不放样品，合住样品夹。
- 听到蜂鸣声，并且屏幕上显示"N=0"。
- 完成仪器校准。

检测样品时，需通过对相同叶片的多次测量及数据比较来检验其读数的准确性。应定期使用 SPAD502 叶绿素仪提供的校正盘校正仪器。

（九）试验测定

3. 在小区内随机选择不同植株的 5 个旗叶进行测量（或者最新的完全展开叶片），应避免测到缓冲区和边行的叶片。
4. 用探头测定叶片距离基部 1/3~1/2 处（近轴面向上，避免测到中脉、主脉或叶片特别厚的部分）。使用样品夹上的"探头位置"标记使样品与其对齐，从而确保准确的测定位置（图 9.1A）。
5. 用手指按闭样品夹，直到听到蜂鸣声，然后松开。
6. 屏幕上将显示出一个叶绿素浓度指数值（图 9.1C）。
7. 一旦完成 5 次测量，屏幕上将显示"N=5"。此时可对测量值进行检测，必要时将异常值删除，并进行重新测量。
8. 按下"AVERAGE"键，然后记录下平均值（图 9.1C）。
9. 现在删除所有读数（否则它们将被计入下一个平均读数中）。
10. 重复，每个小区提供三组平均读数。

（十）数据和计算

在田间记载表上直接记录数据（除非仪器具有数据存储功能）。小区的测量数据用来计算叶绿素浓度指数的平均值（叶绿素含量峰值或有序的时间间隔取样值）。扬花期健康绿色旗叶的叶绿素浓度指数值为 40~60。

（十一）故障排除

问题	解决方法
SPAD 叶绿素仪不能给出叶绿素浓度指数的读数，当样品夹合上后产生持续的蜂鸣声	叶绿素仪不能给出读数——可能是样品室和/或样品室的密封圈较脏，或叶片没有正确插入到样品室。再次进行测量
在一个小区内叶绿素浓度指数值变异较大	沿着叶片保持一致的测量点十分重要。读数较低可能是由被测的叶片有损伤、有病害或较脏等原因引起的，或者是叶尖插入测量室 SPAD 仅是对单个样品叶片进行点测量，用其很难推断整个冠层的结果。对于整个冠层的测量，可以使用美国的 Field Scout CM1000
作物的表面有损伤（如霜冻或病害等造成的损伤）	不能对坏死的材料进行叶绿素浓度指数的测定，因为这些数据是无用的。尽量避免测量作物的受损部位

延 伸 阅 读

Adamsen, FJ., Pinter, PJ., Barnes, EM., LaMorte, RL., Wall, GW., Leavitt, SW. and Kimball, BA. (1999) Measuring wheat senescence with a digital camera. *Crop Science* 39(3), 719–724.

Babar, MA., Reynolds, MP., van Ginkel, M., Klatt, AR., Raun, WR. and Stone ML. (2006) Spectral reflectance to estimate genetic variation for in-season biomass, leaf chlorophyll, and canopy temperature in wheat. *Crop Science* 46, 1046–1057.

Dwyer, LM., Tollenaar, M. and Houwing, L. (1991) A nondestructive method to monitor leaf greenness in corn. *Canadian Journal of Plant Science* 71, 505–509.

Yadava, UL. (1986) A rapid and nondestructive method to determine chlorophyll in intact leaves. *HortScience* 21, 1449–1450.

（曹新有 译）

第三篇

光合作用与光截获

第十章　作物地面覆盖度

Daniel Mullan, Mayra Barcelo Garcia

作物地面覆盖度即叶片覆盖地面的比例，是衡量作物建成和早期长势的重要指标，通常用植株叶面积的发生和/或地上部分的生物量来表示。早期具有较大地面覆盖度的株系能更好地截获入射辐射，增加对土壤的遮光，进而减少土壤水分蒸发、提高水分利用效率；并可以提高作物对杂草的竞争力，还具有减轻土壤侵蚀的潜在效果。在一些特定的情况下，如在地中海式气候条件下，降水集中在作物生长的前期，作物临近灌浆时，降水急剧减少，较快的地面覆盖特性使作物具有潜在的优势；或是在播种期延迟的情况下，可以迅速提高生物量进而弥补产量损失。

对地面覆盖度进行精确的表型鉴定，通常采用破坏性的取样方法，但在育种中使用这种方法就显得耗时费力。高通量的地面覆盖度鉴定方法有目测、图像数字分析和归一化植被指数法（NDVI，见第八章）。目测法鉴定速度快且不依赖其他技术设备，但其主观性强，且有时无法对测定对象进行细致的区分。相比之下，图像数字分析法就更量化、更客观。

一、试 验 规 划

（一）地点及环境条件

在绝大多数环境下，都可以开展对作物地面覆盖度数据的采集。为便于图像的后期处理，最好在光线散射状态下（空中有持续的云层）拍照；并尽量保证拍照区域没有阴影，且植物的表面干燥，没有被露水、灌溉及雨水打湿。

（二）时间

可以在一天中的任一时段进行地面覆盖度数据的采集。

（三）植物发育阶段

从出苗至作物最大覆盖度期间，按一定时间间隔对地面覆盖度进行多次数据采集。例如，在出苗后10天、20天和30天分别测定一次（具体时间间隔要考虑试验所在地的气候环境条件），或者在整个试验平均地面覆盖度约为20%、50%和80%时分别测定一次。

（四）每个小区样本量

对小区较小的试验，每个小区分别进行一次目测评价和拍照（如小区为长度在 2m 以内的一垄两行区），如果试验出苗情况较差，每个小区测定两次。对小区较大的试验，每个小区分别进行两次目测评价和拍照（如小区为长度在 3.5m 以内的两垄 4 行区），如果试验出苗情况较差，每个小区测定三次。总之，要保证测定具有较好的代表性。

（五）步骤

携带下述设备到田间：
- 数码相机
- 备用电池
- 田间记载表和纸夹板（目测地面覆盖度时使用）

（六）测定建议

对数据采集时期进行合理的安排，在试验中有一个小区的地面覆盖度达到 100%时就要停止采集数据。这是因为试验的目的是对各参试材料的地面覆盖度进行比较，在此之后采集的数据将会使试验结果产生偏差。

可参照目测法和拍照法所需时间安排数据采集时间。目测法评价一次用时 10s 左右，拍照一次用时 5s 左右。那么，对一个有 500 个小区的试验进行目测评价和拍照，将分别用时 90min 和 45min 左右。

二、目测法

凭借经验，可以通过目测对地面覆盖度进行评价。

目测法具有主观性，因此，保证评价标准的一致性就显得非常重要。应做到：
- 初学者在一位有经验的观测者的指导下进行观测，以使初学者采集的数据得到校正，保证数据的标准化。
- 若需多人对试验进行观测，应在每次观测前，所有观测者一起对部分小区进行评价，以统一评价标准。
- 一个重复只能由一人进行观测。

评价时：
i. 观测者站在小区的旁边，便于俯视待测植株。
ii. 观测作物。可尝试用大拇指和食指形成一个圆环，置于眼前 10cm 处，通过该圆环对作物进行观测，有时很有帮助。
iii. 使用 0（0%）~10（100%）的范围对地面覆盖度进行评价，以 10%递进（图 10.1）。

图 10.1　目测法评价地面覆盖度

图中地面覆盖度分别为：A. 1（10%覆盖）；B. 3（30%覆盖）；C. 5（50%覆盖）；D. 9（90%覆盖）

三、数字图像分析法

（一）准备工作

1. 在进行图像采集前，记录试验详细信息，包括图像采集人的姓名（可将此数据纳入照片信息中，以便照片分组）。

- 保证相机电池已充满，并携带备用电池。
- 设置照片分辨率为 640×480。过高的分辨率会增加文件的大小，降低计算机运算速度。
- 不要使用相机的变焦功能，保持相机在"no zoom"状态。
- 照相时避免将摄影者的脚和影子摄入照片。

在对规模较大的试验进行图像采集时，当一排小区照相全部结束，可对天空照一张照片作为间隔，便于将各排小区的照片分开。在某小区被漏照或重照时，使用该间隔进行检查可减少工作量。当整个试验的图像全部采集完毕后，可对天空照三张照片作为结束。

（二）试验测定

2. 照相者站在小区的旁边，俯视小区。相机保持固定的高度（通常相机高于地面 1m），这样既能保证照片尽可能大地包含整个小区，又能避免将邻近小区照相照片。照相方向与小区垂直，并保证相机置于小区正上方（图 10.2）。

- 将照片复制到计算机上。

图 10.2 对小区进行照相，用于计算地面覆盖度

保持相机处于：A. 固定的高度；B. 方向一致，且在小区的正上方

（三）图片处理

用"Adobe Photoshop"对图片进行处理，通过对照片进行图像分析，可以获得数字化地面覆盖度（DGC）数值。

（四）软件

使用"Adobe Photoshop CS3 Extended"软件（Photoshop）或更新版本，这是因为此类版本的软件具备自动运算和导出 DGC 的功能。可在 www.adobe.com 上下载该软件的免费试用版，以在购买前使用该功能。可在 Adobe 网站和程序介绍中查询该程序对安装计算机配置的要求。图像数字化处理的速度取决于计算机配置，通常处理一张照片需要 1s。

（五）界面设置

Photoshop 是一个多功能的软件，因此为了进行 DGC 运算，就需对软件的功能进行设置。可通过以下步骤设置一个通用的软件界面：

1. 打开 Photoshop。
2. 从菜单栏选择"Window"＞"Workspace"＞"Automation"。
3. 选择"Yes"修改菜单和/或快捷键设置并应用。
4. 选择"Window"＞"Layers"，取消"Layers"项。DGC 运算不需要该功能。
5. 选择"Window"＞"Measurement Log"，启用"Measurement Log"项。
6. 经修改后，窗口菜单应如图 10.3 所示（见勾选项）。

7. 双击"Measurement Log"以最小化，并移动到屏幕的下端，从而建立一个清晰明了的操作界面。此时界面应如图 10.4 所示。

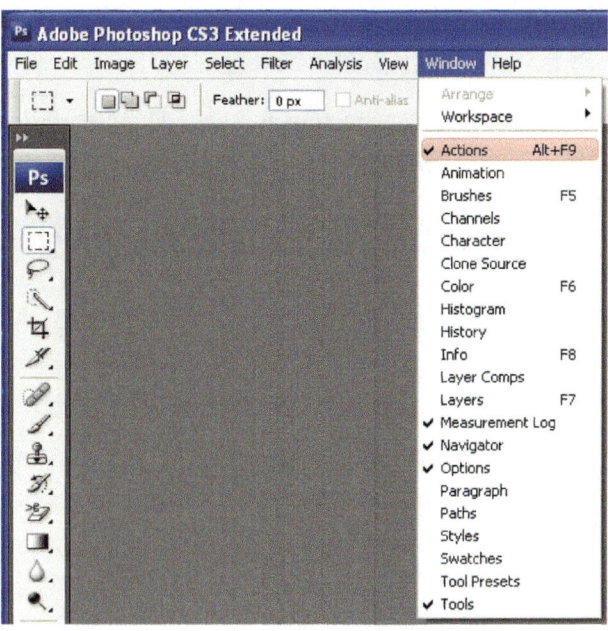

图 10.3　"Workspace"内勾选的项目

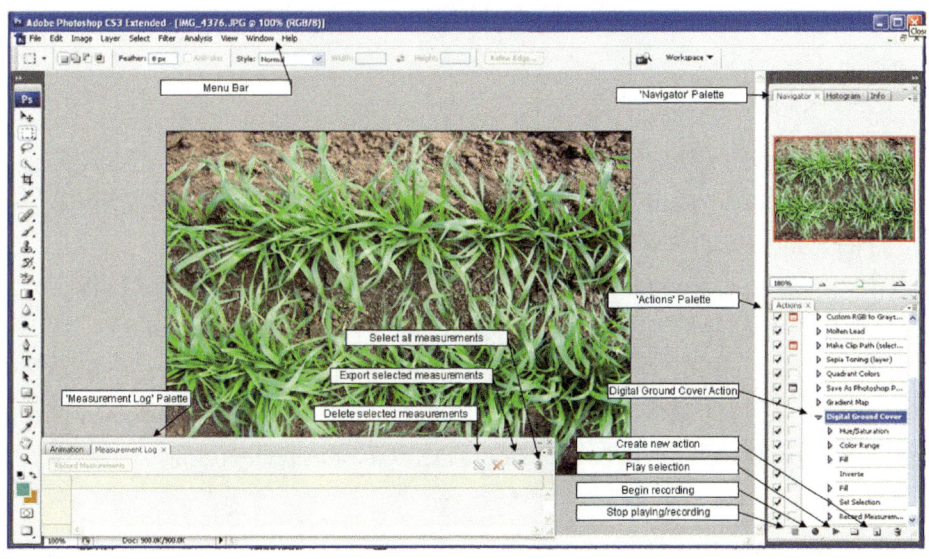

图 10.4　"Workspace"配置，图中标注了重要的应用项目

（六）创建、记录并测试一个"操作"

下列指令详述对图像进行复制的一系列操作，Photoshop 可以记录该操作并在 DGC 分析中自动重复执行。

1. 打开文件，将照片直接拖进 Photoshop 工作区或选择"File">"Open"。

2. 创建一个"New Action",在"Actions"窗口下端点击"Create New Action"(图 10.4)。输入操作名称"Digital Ground Cover",其他选项保留默认值。

3. 点击"Record"按钮,"Actions"窗口下端圆形图标将变红。

(1) 对图像进行颜色调整,以提高图片绿叶区域的分辨率

4. 在菜单栏选择"Image">"Adjustments">"Hue/Saturation/Lightness"。

5. 调整各参数如下: Hue=0; Saturation=+60; Lightness=−20; 点击"OK"(图 10.5)。

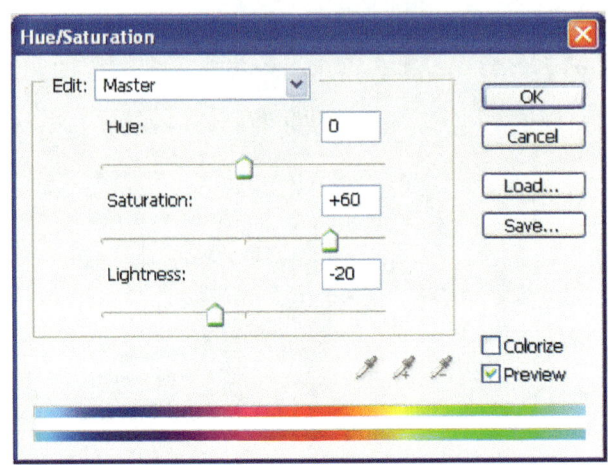

图 10.5 Hue/Saturation 设置

(2) 选择绿叶区域

6. 在"Navigator"窗口(图 10.4),将图像放大至 300%。

7. 在菜单栏,点击"SELECT">"COLOR RANGE": 设置"FUZZINESS"=0; 选择图像下方的"SELECTION"进行预览。

8. 点击"Plus Eye-dropper"工具，使用该工具在图像中选择绿色像素。尽可能多地将叶片上的绿色像素添加到取样,以获得完整的色彩范围(图 10.6)。

该步骤对于 DGC 分析非常重要,关键在于在自动运算 DGC 前,已准确地选择了图像中的绿色像素。进行此操作时,如果对像素取样不满意,可以进行多次尝试,这时选择"Regular Eye-dropper",点击图片一次,对色彩范围选择进行重置。重复第 8 步进行像素选择。

(3) 转换为黑白图片

9. 观察"Color Range"窗口中的"Selection Image",当色彩范围增加时,将呈现原图的黑白图像。

10. 当该黑白图像能够准确地表示原图的地面覆盖度时,停止选择像素(图 10.6)。

11. 点击"Color Range"窗口中的"OK"按钮,原图中的绿色部分将被圈进轮廓线中,这表示轮廓线中的像素处于所选择的色彩范围中。

图 10.6　色彩范围选择示例

12. 在"Navigator"窗口中，将图像大小重新设置为 100%，观察整个图像的绿叶区域是否已被准确地选择。

（4）计算图像的黑白比值

13. 在菜单栏选择"Edit"＞"Fill"—"Contents"—在"Use"项选择"White"，"Mode"设为"Normal"，"Opacity"设为100%，点击"OK"。

14. 在菜单栏选择"Select"＞"Inverse"。

15. 在菜单栏选择"Edit"＞"Fill"—"Contents"—在"Use"项选择"Black"，点击"OK"。

16. 此时将显示一个黑白视图，检查该黑白视图是否能够准确代表原图片的地面覆盖度。

17. 在菜单栏选择"Analysis"＞"Select Data Points"＞"Custom"。（译者注：Photoshop CS 6 Extended 版本中，在菜单栏选择"Image"＞"Analysis"＞"Select Data Points"＞"Custom"。）

18. 仅选取"Data Points"列表中的"Document"和"Grey Value（Mean）"，并取消其他各选项，点击"OK"。

19. 在菜单栏选择"Select"＞"All"。

20. 在菜单栏选择"Analysis"＞"Record Measurements"。（译者注：Photoshop CS 6 Extended 版本中，在菜单栏选择"Image"＞"Analysis"＞"Record Measurements"。）

（5）创建"操作"完成

21. 点击"Actions"窗口下端的"Stop Playing/Recording"按钮，停止记录操作（图 10.4）。

22. 此时，可在"Actions"窗口的下拉菜单里查看 DGC 运算的操作清单（图 10.7）。

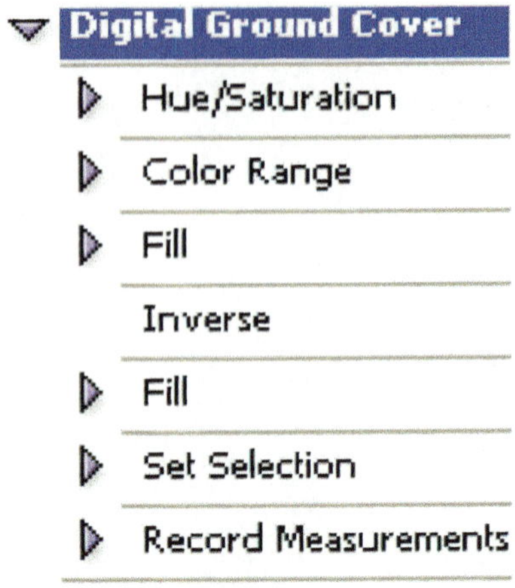

图 10.7　"Actions"窗口显示的 DGC 运算操作清单

(6) 测试和调整 DGC 运算程序

在对样品照片进行自动处理之前，有必要选取一些有代表性的照片对 DGC 运算程序的准确性进行测试，并进行适当调整。尤其需要对"Hue/Saturation"的设置和"Color Range"的色彩取样过程进行校正，以适应不同的环境条件（有经验后，这种校正会变得快速而简单）。

23. 浏览"Actions"窗口中的 DGC 运算操作，共 7 步（图 10.7），其中"Hue/Saturation"和"Color Range"两步最为重要。

24. 打开一个新照片。

25. 在"Actions"窗口中选择"Hue/Saturation"，系统将只启动 DGC 运算程序中的"Hue/Saturation"操作，随后出现"Hue/Saturation"窗口。

26. 微调"Hue"、"Saturation"和"Lightness"（如图 10.5 所示，目的是减少阴影的影响，增加叶片颜色的绿色强度），点击"OK"。

27. 在"Navigator"窗口，将图像放大至 300%。

28. 在"Actions"窗口中选择"Color Range"，将出现"Color Range"窗口。

29. 在"Color Range"窗口，可能需要如步骤 8 所述对色彩像素进行重新选择。点击"OK"。

通常在首次设定 DGC 运算程序后，仅需对"Saturation"做细微的调整，在调整时尽量使土壤和叶片的差异最大化。需注意的是，要尽量减少叶片的光亮度，这是因为反光的土壤表面也会呈现类似的"白色"。可以通过检查被圈取的土壤部分的多少来判断是否准确区分土壤和叶片。要全部消除被圈取的土壤部分，通常是很难做到的（这取决于土壤类型），但如果圈取的量非常少，是可以接受的（图 10.8）。

30. 按顺序在试验中选取一组照片（如小区 1、50、100、150 的照片等），测试所设置的参数在不同时间拍摄的照片上应用时的一致性。

（七）运行 DGC 运算程序

点击"Actions"窗口下端的"Play Selection"按钮，可运行整个 DGC 运算程序。

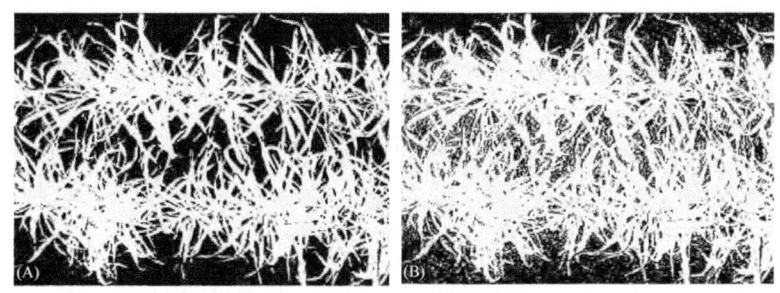

图 10.8　检查选取的色彩范围
A. 准确的色彩范围选择；B. 不准确的色彩范围选择

此时，将运行 DGC 运算程序的所有操作，并最终呈现所要分析照片的黑白图像。

（八）图像自动批量处理

DGC 运算程序设定以后，可以对一批照片（即试点和/或试验中的所有照片）进行自动处理。按"Esc"键可随时中断图片处理过程。

31. 在 Photoshop 目录下（C:\Program Files\Adobe\Adobe_Photoshop_CS3）创建一个新的文件夹，用于在程序运行中临时储存图片，这些图片随后会被删除。

32. 清空"Measurement Log"中的所有数据（图 10.4）：在"Measurement Log"窗口的上端，点击"Select All Measurements"按钮，然后点击"Delete Selected Measurements"按钮。

33. 关闭所有打开的图片。

34. 在菜单栏选择"File"＞"Automate"＞"Batch"。

35. 在"Batch"窗口按表 10.1 输入各选项，点击"OK"。

表 10.1　自动运行设置

Play	Set	Default Actions
	Action	Digital Ground Cover
Source	Folder	在下拉菜单中选取
	Choose	选取所要运算 DGC 照片的文件夹路径
	Select	勾选"Suppress File Open Options Dialogs"和"Suppress Color Profile Warnings"选项
Destination	Folder	在下拉菜单中选取
	Choose	选取先前创建的空白文件夹（C:\Program Files\Adobe\Adobe_Photoshop_CS3）
	Select	勾选"Override Action 'Save As' Commands"项
	File Naming	保留默认值（Document Name + extension）
	Starting Serial	#1
	Errors	在下拉菜单中选取"Stop For Errors"

程序将对所选择文件夹内的全部照片进行处理运算，并将结果显示在"Measurement Log"窗口。

（九）数据处理

需将"Measurement Log"中的数据导入到微软 Excel 表格中，计算地面覆盖度。

1. 打开"Measurement Log"窗口。
2. 点击"Select All Measurements"按钮。
3. 点击"Export Selected Measurements"按钮。
4. 使用"Save Window"将数据保存为 TXT "Tab delimited"文件。
5. 打开微软 Excel 表格。
6. 选择"Text Delimited"将 TXT 文件中数据导入 Excel 表格中。

地面覆盖度的百分比是将所分析照片的 Mean Grey Value 除以图片完全白色时的 Mean Grey Value（255）。图片完全白色时（100%覆盖）的 Mean Grey Value 是 255，图片完全黑色时（0%覆盖）的 Mean Grey Value 是 0。

7. Excel 表格中应包含两列数据，一列是照片名称，另一列是照片的 Mean Grey Value。
8. 在第三列使用公式 10.1 计算各照片的地面覆盖度百分比（%GC）：

$$\%GC = (Mean\ Grey\ Value/255) \times 100 \qquad (10.1)$$

（十）范例

图 10.9 展示的是田间拍摄的用于计算 DGC 的照片和对其进行处理后的图像。

$$Mean\ Grey\ Value = 24.9$$
$$\%GC = (24.9/255) \times 100 = 9.76\%$$

 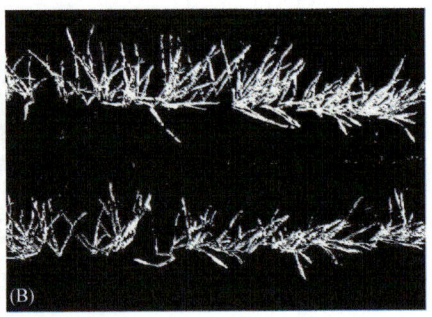

图 10.9 地面覆盖度计算范例
A. 小区的数码照片；B. 经处理后的图像，用于计算 DGC

（十一）故障排除

问题	解决方法
照片的大小有差异	在固定的高度进行拍照，使照片大小一致
照片光线较强	在早上或傍晚光线较弱时进行拍摄
照片中有些叶片被遮荫，很难进行绿色像素选取	拍照应尽量避免遮荫

延 伸 阅 读

Mullan, DJ. and Reynolds, MP. (2010) Quantifying genetic effects of ground cover on soil water evaporation using digital imaging. *Functional Plant Biology* 37, 703–712.

（朱展望 译）

第十一章 光 截 获

Daniel Mullan, Julian Peitragalla

光照（太阳辐射）是光合作用的原动力。波长为 400nm（蓝）和 700nm（红）之间的光可被植物用于光合作用，这部分光又称为光合有效辐射（PAR）。可使用冠层分析仪测量作物冠层内的辐射量，冠层分析仪具有细长的探杆，沿杆装置有多达 80 个 PAR 传感器，可估测作物截获的 PAR 数值。光照射进作物冠层时，被冠层的叶片吸收或反射，剩余的光传送到低位叶片。因此，在一个特定时间，植株的入射光辐射截获量（F）取决于绿色面积指数（GAI；即作物绿色表面的面积占地面面积的比例），以及植株叶片在冠层中的几何排列形式（K；冠层系数）。对于禾谷类作物，随着绿叶面积的增加，光辐射截获比例呈递减式增加。例如，当小麦植株的 GAI 为 5 时（通常在小麦抽穗时），超过 95%的入射光合有效辐射被截获。

影响作物冠层几何结构最重要的因子是叶片夹角，同时也与叶片的自身特性，如厚度、大小、形状及叶片的垂直分层等因素有关。不同叶片夹角的冠层，其光的穿透程度差别巨大，叶片较直立的冠层每个绿色面积指数截获的光合有效辐射较少，导致上部叶片光饱和度低，下部叶片获得较多的光合有效辐射。在一个生长季中，作物冠层截获的光辐射总量是冠层大小、寿命、光学性质和结构的函数。作为产量形成的一个生理驱动力，光合有效辐射截获量可以用来计算辐射利用效率（RUE，即作物将截获的光辐射转化为地上部干物质的效率）；同时，光截获（LI）会对水分利用效率产生影响，也可以反映不同基因型间作物冠层构造及发育的差异。用冠层分析仪在冠层上和冠层下测量的光合有效辐射数值结合其他变量，如天顶角和叶片分布参数，还可以估计绿色面积指数和叶面积指数。

（一）地点及环境条件

应在天气晴朗、风力较小时进行测定，在测定期间必须保持光照稳定一致。阴天时散射辐射会不成比例地增加，因此不推荐在阴天进行测定。但此时有持续的云层，光照情况稳定一致，不得已时也可选择在阴天进行数据采集。

同时，应该注意的是植物表面要干燥，没有被露水、灌溉及雨水打湿。

（二）时间

尽可能在正午时分进行测定，通常在 11：00~14：00 进行。

（三）植物发育阶段

可在作物发育的任何阶段进行测定，也可在幼苗发育中期到开花期内以固定的时间间隔进行。

- 测定小麦生长阶段的冠层光截获，可从拔节至冠层完全形成/开花期时分期进行测定，进而估计冠层光截获随时间的变化情况，如计算辐射利用效率。
- 测定冠层最大光截获，可在开花后 7 天进行。在逆境下，光截获的峰值出现偏早，测定的最佳时期取决于逆境的严重程度和试验条件。在极端逆境下，更要提早进行测定，因为此时植株衰老较快。

（四）每个小区样本量

在冠层的同一高度进行三次测定。

（五）步骤

下面描述 Decagon AccuPAR LP-80 冠层分析仪的使用步骤。该仪器可以同时测定冠层顶部（使用外接传感器）和冠层底部（使用探杆）的光合有效辐射。

携带下述设备到田间：
- 冠层分析仪和外接传感器
- 气象站用的日射强度计（连续记录光合有效辐射，用于计算辐射利用效率）

（六）测定建议

测定前，确保时间、日期和位置设置正确。这些数据将用于获得天顶角参数并用于计算叶面积指数。这些参数一旦设定正确，就可以一直保存，仅在更换试验地点进行测定时才需重新设定。

将探杆置于冠层下方时，确保其不被泥土等弄脏，若是被泥土等弄脏，应使用适宜的溶液（制造商推荐的）清洗后再使用。

可在冠层中特定的高度进行测定（如穗下、旗叶下、地面等）。将探杆置于冠层内，确保探杆呈水平状态并处于具代表性的方向（如在两行区，探杆沿小区对角线穿过两行作物，见图 11.1 和图 11.2）。连接外接传感器并使其处于水平状态（使用气泡水平仪调整），并不被遮荫。

当所持的设备不能同时对冠层顶部和冠层底部入射光合有效辐射进行测定时，使用探杆测量冠层顶部入射光合有效辐射（将探杆置于冠层上方，位置和方向与在冠层下进行测量时相同）三次（图 11.3A）。

测量冠层反射光合有效辐射时，向下翻转探杆，置于冠层上方测量三次（位置和方向与在冠层下进行测量时相同）（图 11.3B），然后测量冠层底部入射光合有效辐射（图 11.3C）。应注意的是，当冠层的叶面积指数值足够高或地面与冠层的光反射接近时，冠层反射光合有效辐射的值会非常小或者可以忽略。

（七）准备工作

在测量前和测量后，均使用推荐的清洗液仔细清洁探头。

图 11.1　使用手持冠层分析仪测量光截获

A. 在穗下测量；B. Decagon AccuPAR LP-80 冠层分析仪；C. 在 GS31 时期进行测量，图中展示用于同时测量冠层顶部入射光合有效辐射的手持外接传感器

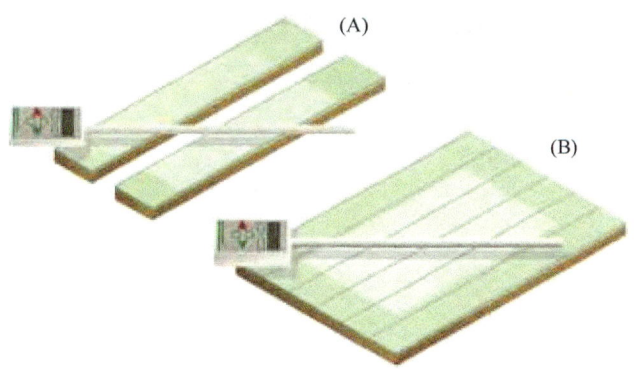

图 11.2　正确放置冠层分析仪进行有代表性的测量

A. 包含两垄，每垄种植两行作物的小区；B. 种植 7 行作物的平作小区

图 11.3　光截获测量

A. 冠层顶部入射光合有效辐射；B. 冠层反射 PAR（将探测仪面板朝下）；C. 冠层光截获总量

1. 开启冠层分析仪后,放置 10min,使仪器与周围环境温度达到平衡。
2. 使用"Menu"按钮,选择"PAR"项。如需退出某功能,按"Esc"键。
3. 连接外接传感器(图 11.1C)。

(八) 试验测定

4. 冠层顶部光合有效辐射测量:在 PAR/LAI 菜单中按向上箭头(△)。
5. 在冠层内进行测量:按向下箭头(△)或者键盘右上角的绿色圆形按钮(●)。

当对冠层顶部或冠层底部的入射光合有效辐射进行测量后,其他相关的数据就会显示在屏幕的下方(图 11.4)。如果连接了外接传感器,当按下向下箭头时,冠层分析仪会同时测量冠层顶部和冠层底部的入射光合有效辐射。

按"Enter"键对数据进行保存,按"Esc"删除数据。

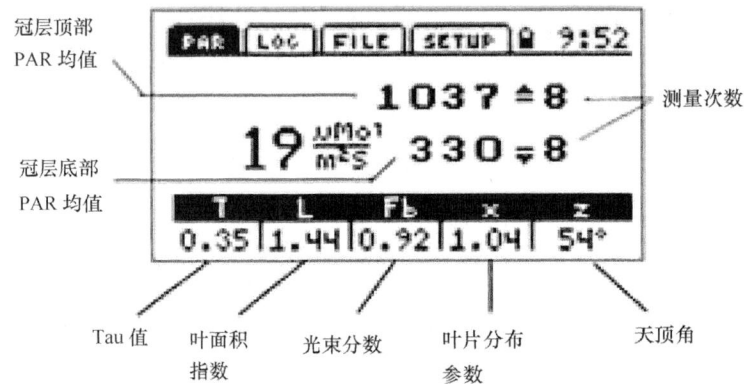

图 11.4 AccuPAR LP-80 显示示例(改编自 Decagon Devices,2010)

(九) 数据和计算

根据仪器的设置,抄写下仪器测量时计算的结果,或者将数据保存在仪器中,而后使用设备提供的软件下载数据。通常将数据保存为"comma delimited"(逗号隔开)的文本文档,再导入到 Excel 表格中。

当对冠层顶部和底部的光合有效辐射(PAR)分别进行测量时:

$$光截获率(\%) = [(A-B) - C] / (A-B) \times 100 \quad (11.1)$$

式中,A = 冠层顶部 PAR;B = 冠层反射 PAR;C = 冠层底部 PAR(图 11.3;表 11.1)。

表 11.1 同时进行冠层顶部和底部的 PAR 测量时,冠层分析仪输出结果示例

时间	小区	样本	透射	光传播	入射	光束分数	天顶角	叶面积指数	光截获率(F)
11:30	1	1	49.9	0.44	1848.3	0.64	33.5	6.2	0.9730
11:30	1	2	42.6	1.56	1775.7	0.64	33.5	6.4	0.9760
11:30	1	3	81.6	1.87	1796.4	0.64	33.5	5.2	0.9546
11:32	2	1	18.5	0.90	1862.3	0.68	33.5	8.0	0.9901
11:33	2	2	25.6	1.15	1859.3	0.68	33.5	7.4	0.9862
11:33	2	3	26.8	2.62	1857.5	0.68	33.5	7.3	0.9856

注:表中光截获率 F = 1-(透射/入射)

冠层分析仪的传感器仅测量光合有效辐射，然而对于测量太阳总辐射的传感器（如太阳辐射强度计），光合有效辐射（PAR）通常为太阳总辐射的 50%（Monteith，1972），近似于冠层内直射光（45% PAR）和散射光（60% PAR）的平均值。

$$PAR = 太阳总辐射/2 \qquad (11.2)$$

作物一天中截获的 PAR 可以通过测量时的光截获比例乘以每日的总 PAR（可使用气象站的太阳辐射强度计记录的数据）获得。在生长季节（如从 GS31 时期到开花期）累积的截获 PAR，可以用日太阳辐射的总和乘以冠层截获的入射光辐射的比例（假设绿色面积指数在测量期间随时间呈线性增加）。

为了计算辐射利用效率（RUE），应在破坏性取样前用冠层分析仪进行测量，以提高冠层系数（K）计算的准确度。每个小区的 RUE 为一定时期内累积的生物量除以累积的 PAR 截获量（MJ·m^{-2}）：

$$RUE (g·MJ^{-1}) = (DW_{t_2} - DW_{t_1}) / (MJ_{t_2} - MJ_{t_1}) \qquad (11.3)$$

式中，MJ=累积的 PAR 截获量（MJ·m^{-2}）；DW=作物干物质重（g·m^{-2}），分别为在第一次（t_1）和第二次（t_2）取样时的值。

（十）故障排除

问题	解决方法
测量时应该以什么样的角度放置冠层分析仪的探杆	确保冠层分析仪测量的部分具有代表性，能准确代表植株及其间隔（即两行植株之间的空地）的比例。推荐冠层分析仪的探杆沿小区对角线放置
数据的误差较大	可能源于环境条件的变化或者环境条件不够理想（如阴天或多云），或者是冠层发育的差异

参 考 文 献

Decagon Devices. (2010) Available at: http://www.decagon.com/ (accessed 7 January 2012).

Monteith, JL. (1972) Solar radiation and productivity in tropical ecosystems. *Journal of Applied Ecology* 9, 747–766.

延 伸 阅 读

Monsi, M. and Saeki, T. (1953) Uber der lichtfator in den pflanzengesellschaften und seine bedeutung fur die stoffproduktion. *Japanese Journal of Botany* 14, 22–52.

Monteith, JL. (1994) Validity of the correlation between intercepted radiation and biomass. *Agricultural and Forest Meteorology* 68, 213–220.

Reynolds, MP., van Ginkel, M. and Ribaut, JM. (2000) Avenues for genetic modification of radiation use efficiency in wheat. *Journal of Experimental Botany* 51, 459–473.

（朱展望　译）

第十二章 叶面积、绿色面积与衰老

Alistair Pask, Julian Pietragalla

作物叶片面积或全部绿色表面（叶片、叶鞘、茎秆和穗）与作物光截获及光合作用潜力密切相关，与蒸腾作用/水分散失及地上部分生物量相关。叶面积指数（LAI）是指单位土地面积上植物叶片的总面积。绿色面积指数（GAI）是单位土地面积上植物所有绿色表面的面积。具有较大冠层的作物具有较高的光截获和产量潜力，但其形成和维持同样也需要较多的水分和营养物质。在作物生长发育的早期（如在孕穗期）冠层较快封闭，可以显著增加该时期的光截获总量，与开花期生物量的增加和在适宜环境下获得高产密切相关。

植物发育中的衰老过程是高度协调有序的。基质酶（如核酮糖-1,5-二磷酸羧化/加氧酶）在衰老的早期开始降解，导致光合作用能力下降。在适宜环境下，冠层的上层叶片通常在灌浆中期开始衰老，而下层的叶片在氮被上层叶片重新转化利用后，在开花期前就开始衰老。对小麦来说，第一片叶最先开始衰老，最上层的三个叶片尤其是旗叶（对籽粒灌浆贡献的光合产物最多）功能期持续最长。根系是最后衰老的营养器官，在灌浆期依然保持活力。通过延缓叶片衰老（"持绿"）延长绿叶面积的持续时间，可保持光合作用继续进行并生产光合产物。在灌浆期能保持冠层绿色面积及冠层绿色程度的基因型通常高产。

叶面积指数（LAI）和绿色面积指数（GAI）可通过以下方式进行测量：①对一定面积内的植株进行破坏性取样（通常和测量生物量同时进行），用面积测定仪对样品所有部位直接进行面积测量（对于通过 GAI 计算冠层系数 K，这是必需的）；②间接、非破坏性的测量，利用基于光截获的技术手段（如 Sunscan LAI-2000，该方法测量的值包括枯死的植物组织）进行，或采用图像分析的方法（见第十章）和目测法（这两种快速鉴定方法可在比较不同材料时使用）。在对作物衰老进行评价时，评价冠层中绿色和失绿部分（枯死和即将枯死）的比例是非常重要的，可通过目测对剩余"%绿叶面积"（%GLA）进行评价。失绿的植物组织也有可能截获光照，因此会干扰对光截获的测量，由于其不进行光合作用，在测量和计算中必须将其排除（如计算辐射利用效率，RUE）。

一、试验规划

（一）地点及环境条件

破坏性取样可在绝大多数环境条件下进行。但要注意的是植物表面没有被露水、灌溉及雨水打湿。

非破坏性测量可在任何环境条件下进行。

（二）时间

破坏性取样应在上午进行，从而保证样品在同一天处理。

对水浇地作物进行非破坏性测量可在一天中的任何时段进行；但对干旱处理的作物进行测量需在一天中温度最低的时段进行（在叶片萎蔫影响叶面积测量之前）。

（三）植物发育阶段

可在作物发育的任何阶段进行测定，也可根据试验目的/胁迫峰值出现的时间，从苗期到开花期以固定的时间间隔对叶面积指数和绿色面积指数进行多次测定，在灌浆中期到生理成熟期间对衰老和持绿性进行评价。

- 早期长势的测量：为比较不同材料的差异，在出苗后 5 天、10 天和 15 天分别进行非破坏性测定（即归一化植被指数法、图片分析法和目测法）。建议所有基因型的种子来源应相同，因为来自不同环境的种子在生长发育过程中会表现出差异，从而影响最终的试验分析。
- 冠层发育的测量：在起身至孕穗期间每隔 7~10 天进行一次非破坏性测定。
- 最大叶片/植株绿色面积的测量：在开花后 7 天进行破坏性取样测量（通常采用用于生物量测量的样品）。
- 衰老、持绿性及灌浆持续期的测量：从开花中期（逆境胁迫条件下）/灌浆中期（GS75；适宜条件下）到生理成熟期间每周进行两次非破坏性测定。

（四）每个小区样本量

取 20 个孕穗的茎蘖，或者每个小区进行一次测定（参见下面的不同测定项目）。

二、用自动面积测定仪进行损伤性测量

下面叙述使用自动面积测定仪对用于生物量测定的开花后 7 天的鲜样进行叶面积指数和绿色面积指数测定的步骤，如图 12.1 所示。

（一）步骤

下面叙述对用于生物量测定（详见第十五章）的子样品进行叶面积和绿色面积测定的步骤。

应准备的设备有：
- 修枝剪/刀子
- 自动面积测定仪
- 校正板

（二）测定建议

使用自动面积测定仪时，要确保样品通过传感器时保持平展状态（即没有折叠扭曲）。对于不平整的表面（如茎和穗）计量其平面面积而不是总的绿色表面的面积（这样与光截获的相关性更好）。

图 12.1 使用自动面积测定仪对生物量测定的鲜样子样品进行叶面积和绿色面积的测定示意图

如果没有自动面积测定仪,可使用扫描仪和相应的软件进行测量,或者对植株各个部位的长和宽单独测量(其与面积高度相关)。

如果需在测量前对植株样品进行保存,可在低温潮湿的环境中保存 4 天(如用湿纸巾包裹后保存在密封的塑料袋内)。

(三)准备工作

1. 开启自动面积测定仪后,应使仪器预热 10min(在此期间,"area count"应一直为 0)。
2. 使用校正板或已知面积的纸片(最好将纸片制作成与待测样品相似的性状)对仪器进行校正。

(四)实验室测定

3. 从样品中随机选取 20 个带穗的茎秆作为子样品,保证穗子完整。
4. 在穗基部剪掉穗子。
5. 剪取每个茎秆的所有叶片,混置一起(全部叶片),或者依据叶位将叶片分开(即旗叶、倒二叶、倒三叶,以此类推)。
6. 去除发黄枯死的组织(但不要丢弃)。
7. 使用自动面积测定仪测量各个部位的面积(即全部叶片/不同叶位的叶片、带有叶鞘的茎、穗)。

面积测量完成后,可对样品做进一步的处理(如干重和营养成分的测量等),详见第十五章。此时需要将去除的发黄枯死组织放回原样品中。

三、无损测量

下面叙述对叶面积指数和/或绿色面积指数及植株衰老进行目测评价的步骤。利用基于光截获技术进行的测定见第八章(NDVI)和第十一章(光截获)。

(一)步骤

携带下述设备到田间:
- LAI/GAI(图 12.2)和叶片衰老(图 12.3)评分标准
- 试验记载本和写字板

图 12.2 绿色面积指数(GAI)的目测评价(图片来源于 Sylvester-Bradley et al., 2008, The Home-Grown Cereals Authority)

图中 GAI 的值分别为:A. 0.9;B. 2.0;C. 4.0

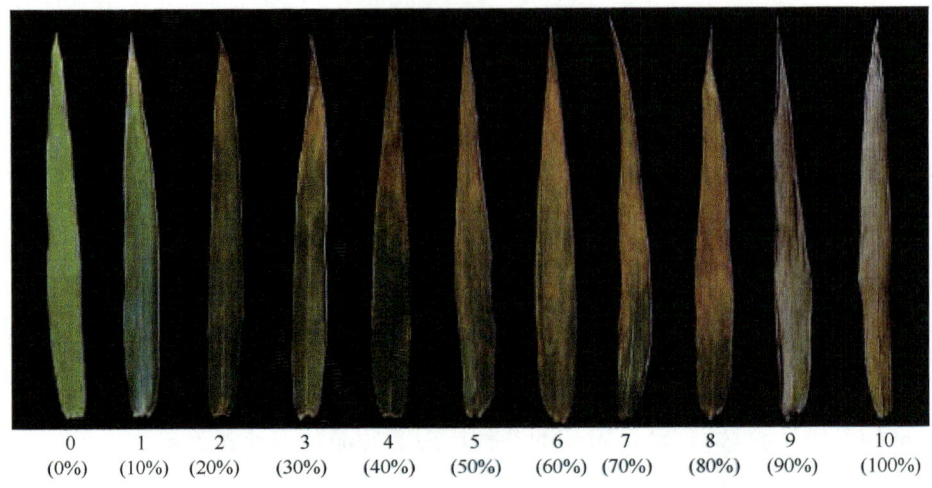

图 12.3　旗叶衰老评分标准（以大致的衰老百分比表示）
（图片来源于 The John Innes Centre and The University of Norttingham）

（二）测定建议

由于目测评价具有主观性，保持评分标准的一致性至关重要：

- 初学者应在一个有经验的观测者指导下进行评分，使初学者采集的数据得到校正，实现数据的标准化。
- 若需多人对试验进行观测，应在每次观测开始前，所有观测者一起对部分小区进行评价，以统一评价标准。
- 一个重复只能由一人进行观测。

（三）LAI 和/或 GAI 评分

凭借经验，我们可以通过目测对小区的 LAI/GAI 进行估计。

评分时：

i. 在小区中放置一个样框，指定要评价的区域。
ii. 观测者站在小区的旁边，便于俯视要观测的对象。
iii. 观测指定区域的植株。
iv. 对 LAI/GAI 进行评分，以 0.1 递进（图 12.2）。

间隔一周进行重复/持续评分。对于开花后的评价，选取一些茎秆进行进一步的观测对于评价冠层下部叶片的衰老是很有必要的。

（四）植株衰老的试验评价

植株衰老始于变黄，随后逐渐变为棕色。冠层的衰老始于下部叶片，随后向上发展到旗叶。单个叶片的衰老通常从叶尖开始向叶基部发展，叶鞘最后衰老。可通过重复观测（如从灌浆中期到生理成熟每隔 10 天一次）对衰老进行评价。

对于持绿性和植株衰老的研究，需对选取的叶片进行重复观测，建议使用彩色标签标记穗下节，以便重复观测时找到样品。

可通过下列方法之一对冠层衰老进行评价：

- 以 45°角站立在小区边，进行观测评价。
- 每个小区随机选取 10 个主茎（每个处理选取 30 个主茎），从旗叶向下依次对绿色/部分绿色的叶片进行计数（如 3.5 片）。

评分：

i. 对单个叶片（通常是旗叶）或冠层中不同叶位的叶片（即旗叶、倒二叶等）的衰老程度进行观测。

ii. 参照评分标准图片，使用 0（0%衰老）~10（100%衰老）的评分标准进行评分，以 10%递进（图 12.3）。

（五）数据和计算

$$\text{LAI} = （20 个茎秆叶片的总面积）\times （每平方米茎秆数/20） \quad (12.1)$$
$$\text{GAI} = （20 个茎秆叶片的绿色面积）\times （每平方米茎秆数/20） \quad (12.2)$$
$$\text{SLA} = （叶片干重）/\text{LAI} \quad (12.3)$$

在适宜的环境条件下，开花后 7 天，典型的 LAI 和 GAI 数值分别为 4.5 和 6.0 左右，在逆境条件下分别为 2.0 和 2.5 左右。比叶面积（SLA，$g \cdot m^{-2}$）通常为每平方米绿叶面积 1g 左右。

（六）故障排除

问题	解决方法
在放入样品前，自动面积测定仪就开始测量面积	确保传送带干净，没有灰尘/痕迹，仪器已正确校正
如何对立体的部位（如茎和穗）进行测量	对这些部位测量其平面面积
叶片卷曲，难以测量	对样品进行低温加湿处理（如将叶片置于潮湿的纸片中间 3~4h）

延 伸 阅 读

Bréda, NJJ. (2003) Ground-based measurements of leaf area index: a review of methods, instruments and current controversies. *Journal of Experimental Botany* 54, 2403–2417.

Scott, RK., Foulkes, MJ. and Sylvester-Bradley, R. (1994) *Exploitation of varieties for UK cereal production: matching varieties to growing conditions*. Chapter 3, pp.1-28. Home-Grown Cereals Authority, 1994 Conference on cereals R&D, HGCA, London, UK.

Sylvester-Bradley, R., Berry, P., Blake, J., Kindred, D., Spink, J., Bingham, I., McVittie, J. and Foulkes, J. (2008) *The Wheat Growth Guide*. Pp. 30, Home-Grown Cereals Authority, 2nd Edition. HGCA, London. Available at: http://www.hgca.com/ (accessed 6 January 2011).

（朱展望 译）

第十三章 气体交换与叶绿素荧光

Gemma Molero, Marta Lopes

随着近年来田间便携式设备的开发，气体交换和叶绿素荧光的测量在精准表型鉴定中变得日益可行。使用红外气体分析仪（infrared gas analyzer，IRGA）可通过气体交换对光合作用进行直接测定。测定时，将叶片置入仪器密封的叶室内，测量叶室内二氧化碳量的变化。叶绿素荧光的测量是使用荧光测定仪间接估计光合作用不同功能的水平：如色素水平、原初光反应、类囊体电子传递反应、基质中的暗反应和缓慢的调节过程（Fracheboud，2006）。这两种方式都是对单个叶片进行测定，适用于小群体（如<100份材料）的精准表型鉴定，其他测定方法对于区分不同材料之间的差异来说不够精确（如测定光合代谢胁迫开始的时间）或者所提供的数据信息不够丰富。

通过对光合作用进行测定，已成功地解释了导致表型差异的遗传多样性，以及作物对环境因子（如光、温、二氧化碳浓度、相对湿度、臭氧等）和农田投入（如化学除草剂）的生理响应。然而，在田间对气体交换进行测量耗时费力、花费高，对测试者专业水平要求高、产生的数据复杂且无法实现高通量测量。相比之下，对叶绿素荧光的测量就非常快捷（测量1个植株的气体交换需2min，而测量叶绿素荧光仅需不到30s），并且仪器本身也轻便、成本低，因此其对于测定大多数类型的作物胁迫及监测植株的生长发育状况是较好的选择。但叶绿素荧光测量也有其复杂性：叶片需要进行暗适应处理，荧光信号具有高度的动态动力学特征，尚未证实叶绿素荧光与植株的田间表现存在非常高的相关性。决策矩阵（图13.1）可帮助选择针对特定环境条件的合适测定方法。

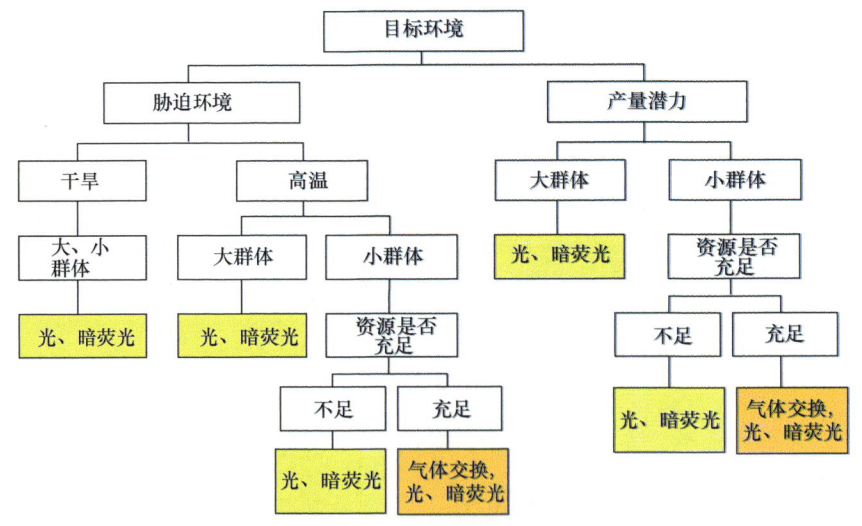

图 13.1 决策矩阵图

在某一环境中，选择对气体交换和叶绿素荧光全部进行测定或者仅测定叶绿素荧光。仅在极端胁迫条件下发现暗荧光测量的差异，因此在中度干旱和高温胁迫条件下不要使用暗荧光测量。"资源是否充足"这里特指时间和资金

然而，在育种中，很少对大量的基因型进行气体交换和叶绿素荧光的测定。育种家采用的是与作物光合性能相关的快速低成本的替代测定指标，如本书中介绍的冠层温度和气孔导度（与光合速率相关，见第一、二章）；碳同位素分辨力（整合作物生长发育过程中的气孔开度，第六章）；植被指标（与光合冠层的大小相关，第七章）；叶绿素含量（与光合潜力相关，第九章）；衰老/持绿性（丧失/保持光合能力，第十二章）；生物量（作物在生长发育过程中积累的光合产物，第十五章）；水溶性碳水化合物含量（光合产物的积累，第十六章）。

一、试 验 规 划

（一）地点及环境条件

在天气晴朗、植物叶片受光良好的情况下进行测定。也可在阴天（使用自备光源）和有风的天气进行测定，但在这种条件下，光合参数达到稳定需要较长的时间。

同时，应该注意的是，植物表面要干燥，没有被露水、灌溉及雨水打湿。

（二）时间

尽可能在正午时分采集数据，通常在 11：00~14：00 进行。

对于暗测量（暗叶绿素荧光和暗呼吸），要在夜晚或者白天使用经暗适应处理的叶片进行测量（参见后面介绍的如何对叶片进行暗适应处理）。

（三）植物发育阶段

根据试验目的/胁迫峰值出现的时间，可在作物幼苗发育中期到灌浆中期的任何阶段进行测定。

- 群体的早期评价：在 3~4 叶期，同时测定群体中各基因型的气体交换和/或叶绿素荧光。
- 在产量潜力试验中测定最大光合能力：在开花后 7~14 天测定气体交换和/或叶绿素荧光。
- 胁迫耐受性评价：
i. 耐热性——在温度峰值出现时或峰值出现后不久，测定气体交换和/或叶绿素荧光。
ii. 耐旱性——在胁迫期间测定叶绿素荧光（由于气孔关闭，不推荐测定气体交换）。

（四）每个小区样本量

叶绿素荧光测定：每个小区测定 3~5 片叶。
气体交换测定：每个小区测定 2~4 片叶。

（五）步骤

1. 测定的总体建议

应注意这类仪器非常灵敏，在使用前要仔细阅读用户手册。下面分别介绍这两种测定方法的操作步骤。很多气体交换光合测量系统可以同时测量叶片的气体交换和叶绿素荧光（如 LI-COR6400-XT、GFS-3000、CIRAS-2 和 LCpro-SD），这样可以避免在一个叶片的不同位置进行测定。

对于两种测定方法来说：选择新展开、正面向阳的叶片（通常检测展开的旗叶），测定的叶片必须清洁、干燥、未失绿，且没有病害和机械损伤，同时还要保证测试植株在小区中具有代表性。确保所选叶片的发育时期、发育历程、位置和方向都较为接近，这是因为光合参数对光照强度和温度的变化较为敏感。在测定时，尽可能地少用手持住叶片，避免对叶片遮光。

由于不同发育阶段的植株在光合作用方面呈现生理差异（叶片发育时期不同造成的植株和叶片结构的差异，如叶夹角及库源关系），会影响试验结果，因此有必要对一个开花期差异比较大的群体进行物候期控制。特别是在温度呈线性上升的环境中（如在灌浆期），更应重视此问题。可以依据开花期将群体划分为早和晚两种类型，分别进行鉴定，从而校正这种影响。开花期差异在 10 天以内是比较合理的。

二、叶绿素荧光测定

以下叙述 Fluorpen FP 100 叶绿素荧光仪的使用步骤和方法（图 13.2）。

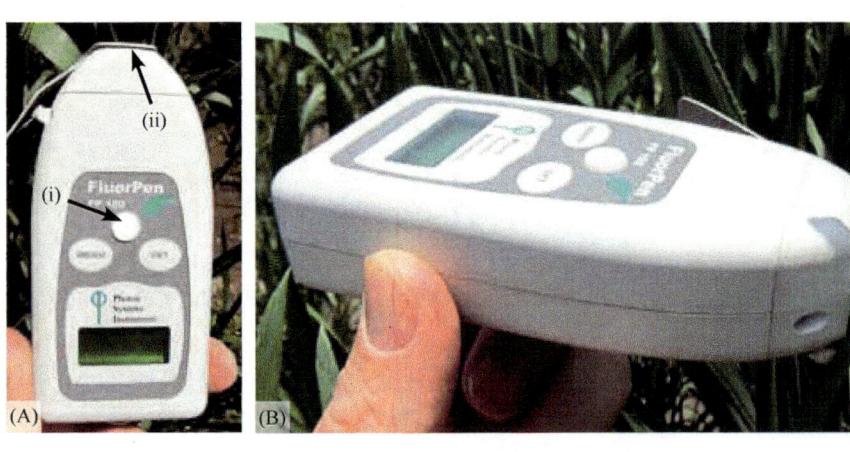

图 13.2　手持式叶绿素荧光仪 Fluorpen FP 100
A.（i）PAR 传感器，（ii）放入叶室的叶片；B. 在日光条件下进行田间测量

两种测定方法最常用的叶绿素荧光参数如下。①光适应测量：Φ_{PSII}（PSⅡ光化学量子产量，即每吸收一个光子所产生荧光的次数）；F_o'（初始荧光）；F_m'（最大荧光）；F_v'（可变荧光）；F_v'/F_m'（PSⅡ最大效率）。②暗适应测量：F_o（初始荧光）；F_m（最大荧光）；F_v（可变荧光）；F_v/F_m [PSⅡ最大光化学量子效率，即当 PSⅡ所吸收的光全部用来转化质体醌-A（QA）时的最大量子效率]。详见《生理育种Ⅰ》。

携带以下设备到田间：

- 手持式叶绿素荧光仪
- 暗适应叶夹

(一)测定建议

非常重要的是,光适应测量和暗适应测量所采用的是同一个叶片。

强烈推荐使用能产生 $4000\mu mol\cdot m^{-2}\cdot s^{-1}$ 以上饱和脉冲的叶绿素荧光仪。

暗适应处理的建议:

- 在白天,对小麦植株进行暗适应处理至少要持续 20min。也可在黎明前(日出前)测定 F_o 和 F_m,用于计算其他暗适应处理参数。
- 使用设备自带的或自制的叶夹(用铝箔制作,如图 13.3 所示;或用纸折叠的叶夹)。
- 在对经暗适应处理的叶片进行测定时,应避免照光。如果使用自制的暗适应叶夹,应在测定过程中使用遮光布对植株和仪器进行遮光。
- 强烈推荐使用能为暗适应测定提供远红光预照射的仪器(使电子迅速向 PSⅠ 转移,从而使 PSⅡ 迅速重新被氧化)。
- 确保测量用光是非光化性的(即不能激发光合作用)。

图 13.3 用铝箔自制的暗适应叶夹

(二)准备工作

确保电池电量和仪器储存空间充足。

必要时,参照使用手册对仪器的测量参数、测量方案和基本设置进行预先设定(例如,对于光适应测量模式要设定"intensity"、"duration"、"frequency and gainof the measuring"、"actinic"和"saturating and far-red lights")。使用"Setting"子菜单设定"light color"、"light intensity"、"number and frequency of measurements"、"date"、"time"和"sound mode"。

(三)试验测定

1. 长按"Set"按钮 1min 开启叶绿素荧光仪,等待 10min,使仪器与周围环境温度达到平衡。

2. 选择"Measure"菜单，按"Set"键。按"Menu"键向下滚动主菜单，按"Set"键选择相应的选项。对于光适应测量，根据需要选择"QY"、"NPQ"、"LC1"或"LC2"模式。

3. 将叶片的中间部位放进传感器叶室，保证所选择的叶片部位能将传感器叶室的样品孔全部覆盖。

4. 按"Set"进行光适应测量。

5. 从传感器叶室取出叶片，为叶片套上暗适应叶夹。

6. 每小区取 3~5 片叶按上述步骤重复进行测量。

7. 保证上述叶片的暗适应处理在 20min 以上。

8. 回到刚才测量过的叶片。

9. 按"Menu"键选择"FT"或者"OJIP"进行暗适应测量。

10. 在进行暗适应测量时要特别小心，避免对经过暗适应处理的叶片照光。

（四）测定完成

11. 完成整个试验的测定后，选择"Return"＞"Set"＞"Menu"滚动菜单，按"Set"键选择"Turn off Device"，关机。

12. 使用设备提供的软件下载保存的数据。通常将数据保存为"comma delimited（逗号隔开）"的文本文档，再导入到 Excel 表格中。

三、气体交换测定

以下叙述 LICOR LI-6400 XT 气体交换光合作用测量系统的测定步骤和方法（图 13.4，图 13.5）。

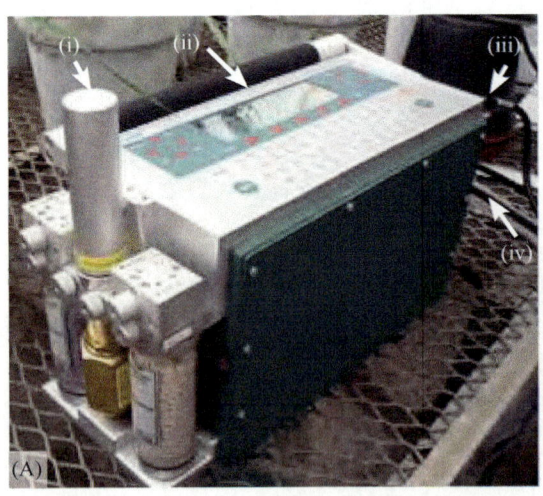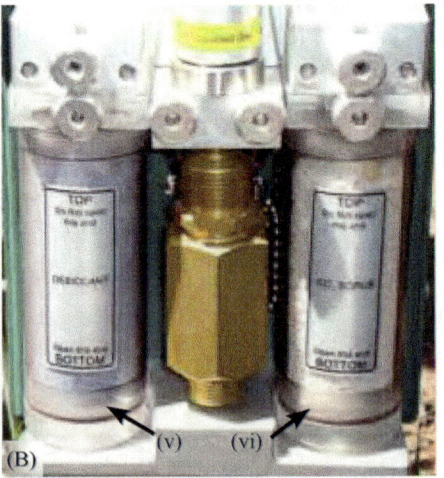

图 13.4　LICOR LI-6400 XT 便携式光合作用测量系统控制台

A.（i）CO_2 钢瓶和校准器，（ii）显示屏和键盘，（iii）荧光叶室连接处，（iv）传感器头部的导管和连接器；B.（v）干燥剂管，（vi）碱石灰管

图 13.5　LICOR LI-6400 XT 便携式光合作用测量系统传感器头部

A.（vii）叶片叶绿素荧光仪（LCF；选配），（viii）PAR 传感器，（ix）连接导线/管，（x）放进传感器叶室的叶片，（xi）叶室风扇；B. 田间使用

常用的气体交换参数有：A_{net}（净 CO_2 同化率）；A_{max}（光饱和时的净 CO_2 同化率）；g_s（气孔导度）；C_i（胞间 CO_2 浓度）和 E（蒸腾速率）。

携带下述设备到田间：
- 光合作用测量系统
- 电池（使用车用蓄电池进行长时间的田间测量）

（一）测定建议

- 测量时采用相同的设定参数十分重要，并且这些参数的设定要尽可能地接近实际环境条件。
  - 相对湿度/Relative humidity：设为 50%~80%。
  - 温度/Temperature：将模块温度设置为与环境气温一致。测定叶片温度时，不要改变叶片温度的设置。25℃对于绘制 A/Ci 曲线，计算核酮糖-1,5-二磷酸羧化/加氧酶（Rubisco）动力学较为合适。
  - CO_2 浓度/CO_2 concentration：设为 350~400ppm[①]。
  - 气流量/Air flux：设为 400μmol·s-1。
  - 光源/Light：在测量前绘制光曲线，进而确定光饱和点。小麦一般生长在太阳辐射较强的环境，饱和光合作用速率一般在光强低于 1500μmol·m-2·s-1 时就会出现。
  - 叶室风扇/Leaf fan：设置为"快速/fast"。
  - 气孔比率/Stomata ratio：设为 1（未知情况下），或者获得其真实值（需要花费大量时间）。
  - 强烈推荐使用压缩 CO_2 气缸，以减少由于输入 CO_2 浓度的轻微波动带来的问题。
  - 避免设备的各种瓶、管中发生冷凝，潮湿会对仪器造成极大的损害。
  - 强烈推荐在进行气体交换测量前运行 A/PAR 曲线，以确定叶室内光合有效辐射（PAR）强度进而获得饱和光合速率（A_{max}）。

---

① 1ppm=1×10^{-6}

○ 对于 A/Ci 曲线，排除传感器头部叶室的漏气问题非常重要（关于如何减少此类漏气造成的测量错误参见 Long and Bernacchi，2003；Flexas et al.，2007；Rodegheiro et al.，2007）。

（二）准备工作

- 确保仪器的电池电量充足。
- 确保仪器的叶室和传感器没有被尘土、花粉等污染，密封垫圈完整无损且安装正确。
- 检查仪器的叶室和控制台之间的连接，确保连接正确且无漏气。
- 确保仪器有足够的数据储存空间。
- 确保硫酸钙（干燥剂）和碱石灰（CO_2 吸收剂）没有失效。通常可根据颜色指示判断二者的使用情况：硫酸钙从蓝色变为粉色、碱石灰从白色变为淡紫色时即为失效。
- 更换 CO_2 钢瓶，并检查 O 形圈的情况。如果 O 形圈变形需及时更换。注意千万不要将一个装满 CO_2 的钢瓶直接从控制台上卸下，不然高压气体会泄漏，产生危险。建议先对钢瓶缓慢放气，待放空时再安全移除。

1. 开启光合作用测量系统，使仪器预热 20min。
检查以下参数。

○ 气压/Pressure：设为 100kPa（实际气压随海拔变化而变化，参见用户手册）。
○ 光源/Light：确保光源正常，LED 灯完好无损。
○ 热电偶/Thermocouple：用手指触摸传感器检查其是否正常。断开热电偶，检查叶片温度和模块（block）温度在没有调整的情况下是否保持一致（$T^a Leaf = T^a block$）。
○ 流量/Flow rate：将流量调到最大，将 CO_2 吸收剂和干燥剂调至完全旁路（full bypass），等待流量值稳定，然后将 CO_2 吸收剂和干燥剂调至完全吸收（full scrub），再次确认流量值是否稳定。如果流量变化超过 1~2 个单位，需再确认干燥剂管和碱石灰管中的空气调节器没有堵塞和破损。将流量设为零，并关掉叶室风扇，如果此时流量值不接近于零，使用校正菜单将其归零。
○ 检查是否漏气：紧贴叶室、干燥剂管和碱石灰管、导管及控制台吹气，观察 CO_2 值是否升高超过 2ppm，若是，可使用细塑料管进行吹气，以确定漏气的位置。

2. 将 IRGA 校正为零。

○ 保持叶室空置和封闭。
○ CO_2 吸收剂和干燥剂调至完全旁路（full bypass）。
○ 等待参比室 CO_2 浓度和水蒸气浓度分别接近 $5\mu mol \cdot mol^{-1}$ 和 $0.3 mmol \cdot mol^{-1}$。
○ 如果 CO_2_R（参比室 CO_2 浓度）或 CO_2_S（样本室 CO_2 浓度）超过 5，或者 H_2O_R（参比室水蒸气浓度）或 H_2O_S（样本室水蒸气浓度）超过 0.3，使用选择"校正菜单（Calibration Menu）"＞"归零（Zero IRGA）"，然后按照指令进行操作。一定要等待数值达到稳定：先将水蒸气浓度归零，等待 1min 使其达到稳定，然后再将 CO_2 浓度归零，等待 1min 使其稳定。
○ 回到"主菜单（Main Menu）"，选择"匹配（Match IRGA）"，使参比室和样本室的 IRGA 校正到同一数值。

（三）试验测定

3. 打开一个新的文件，在"New Measurements"模式，按"1"，再按"F1"（打开 LogFile）。输入试验名称，按"Enter"键。

4. 设定参数：根据试验要求设定 PAR，流量（Flow）、温度（Temp）、相对湿度（RH）。注意将干燥剂管调至完全旁路状态，并确认其相对湿度值。使用干燥剂管旋钮将相对湿度调至所需数值（调整时观测相对湿度数值）。如果使用的是高压 CO_2 钢瓶，将碱石灰管旋钮调至完全吸收状态。

5. 一旦湿度稳定后，对 IRGA 进行匹配。

6. 将叶片放入传感器头部并进行适当调整：叶片要全部覆盖整个叶室，这一点非常重要。如果不能（如叶片小、受干旱胁迫等），要对叶室中叶片的面积进行测量，并据此对结果进行计算调整。

7. 等到数值达到稳定（通常 2min 左右），记录数据（按"1"，再按"F1"），可同时打开饱和脉冲（按"0"，再按"F3"或"F4"）测量叶绿素荧光（推荐），并记录数据。

8. 在每个小区中重复测量 2~4 片叶。

9. 当整个试验测量完成后，保存与关闭文件。按"Escape"退回到"New Measurements"模式，按"1"，选择"Close_File"（F3）。

（四）测定完成

10. 保持开机且叶室空置和关闭，将干燥剂管旋钮调至完全吸收状态并将气流调至最大，等待相对湿度降至 10% 以下。

11. 关机。将 CO_2 钢瓶保持原位，剩余的 CO_2 会缓慢释放。在仪器不使用时，将叶室和干燥剂瓶的旋钮放松，以免对仪器造成机械损伤。

12. 使用仪器提供的软件下载保存的数据。通常将数据保存为"comma delimited"（逗号隔开）的文本文档，再导入 Excel 表格中。

（五）数据和计算

对于大多数测定参数，仪器都直接给出了运算结果。表 13.1 给出了水浇地和胁迫条件下小麦的气体交换和叶绿素荧光常用参数的参考值。

表 13.1 水浇地和胁迫条件下小麦的气体交换和叶绿素荧光典型数值

气体交换：

	灌溉条件下	胁迫条件下
A_{net}	15~30 $\mu mo \cdot m^{-2} \cdot s^{-1}$	5~20 $\mu mol \cdot m^{-2} \cdot s^{-1}$
g_s	300~700 $mmol \cdot m^{-2} \cdot s^{-1}$	<300 $mmol \cdot m^{-2} \cdot s^{-1}$

叶绿素荧光：

	灌溉条件下	胁迫条件下
F_v/F_m	接近 0.83	<0.75
Φ_{PSII}	0.4~0.5	<0.4
NPQ*	0.5~3.5	>3.5

*非光化学淬灭（NPQ）依据 F_m 和 F_m' 进行计算。用于测定 PSII 热能耗散的表观速率常数

（六）故障排除

问题	解决方法
叶绿素荧光仪	
F_v'/F_m' 值变化	确保待测叶片同等地受到太阳照射，并且对叶片受到光照的部位进行测量
	确保光源的饱和脉冲足够强，一些设备光源的饱和脉冲强度较弱，无法保证高质量的光适应测量。检查光纤是否正常
	检查 PAR 传感器是否正确测量，如果 PAR 数据不正确，就无法保证在相同光照强度下进行光适应荧光测量
F_v/F_m 值变化	叶片暗适应处理不充分。叶片应在完全黑暗状态下处理至少 20min。如果使用自制的暗适应叶夹，应在去掉叶夹进行测量时用遮光布对植株和仪器遮光
	叶片有损伤和/或在测量前手持过度
红外气体分析仪	
仪器发出"哔哔"的声响	检查电池
流量值不稳定	检查化学药剂瓶中的空气消声器是否堵塞或损坏。必要时进行更换和清洁处理
对叶室和控制台吹气，CO_2 浓度值升高超过 2ppm	仪器漏气。使用细塑料管紧贴叶室、干燥剂管和碱石灰管、导管和控制台吹气，以找到漏气的部位
测量数值不稳定	检查是否漏气
	IRGA 是否预热并可以使用？等待 20min 再次进行检查
光合数据异常	仪器可能没有被正确校准。重新对仪器进行校准。对 IRGA 进行归零和匹配
CO_2 不稳定	使用高压 CO_2 钢瓶
PAR 低于设定值	检查 LED 灯是否正常工作，保证全部完好无损
g_s 值不稳定	检查传感器是否正常工作：用手指触摸传感器，如果叶片温度不变，要更换传感器
环境湿度太低，且相对湿度需要在干燥剂管完全旁路时设置为 >50%	向碱石灰中加入 10ml 水（译者注：原文作者 Gemma Molero 博士新的试验结果表明，加 2ml 水效果更好），等待 30min 使 H_2O_R 和 H_2O_S 达到稳定
参比室和样品室 CO_2 浓度过低	更换高压 CO_2 钢瓶

参 考 文 献

Fracheboud, Y. (2006) *Using chlorophyll fluorescence to study photosynthesis*. Institute of Plant Sciences ETH, Universitatstrass, CH-8092 Zurich.

Flexas, J., Díaz-Espejo., A, Berry, JA., Cifre, J., Galmés, J., Kaldenhoff, R., Medrano, H. and Ribas-Carbó, M. (2007) Analysis of leakage in IRGA's leaf chambers of open gas exchange systems: quantification and its effects in photosynthesis parameterization. *Journal of Experimental Botany* 58(6), 1533–1543.

Long, SP. and Bernacchi, CJ. (2003) Gas exchange measurements, what can they tell us about the underlying limitations to photosynthesis? Procedures and sources of error. *Techniques* 54(392), 2393–2401.

Rodeghiero, M., Niinemets, U. and Cescatti, A. (2007) Major diffusion leaks of clamp-on leaf cuvettes still unaccounted: how erroneous are the estimates of Farquhar et al. model parameters? *Plant, Cell and Environment* 30(8), 1006–1022.

延 伸 阅 读

Evans, JR. and Santiago, L. (CSIRO Publishing) *A guide to measuring gas exchange and performing A/PAR and A/C$_i$ curves with the LI-COR 6400*. Available at: http://prometheuswiki.publish.csiro.au/ (accessed 30 August 2011).

Maxwell, K. and Johnson, GN. (2000) Chlorophyll fluorescence – a practical guide. *Journal of Experimental Botany* 51(345), 659–668.

Sharkey, TD., Bernacchi, CJ., Farquhar, GD. and Singsaas, EL. (2007) In Practice: Fitting photosynthetic carbon dioxide response curves for C3 leaves. *Plant, Cell and Environment* 30(9), 1035–1040.

（朱展望 译）

第四篇

直接生长发育分析

第十四章　关键生育期的确定

Alistair Pask

充分把握小麦植株的生长发育进程对试验的成功至关重要。关于植株生育期（GS）的划分，现有许多不同的方法，其中基于 10 个主要生育期而制定的 Zadoks "十进制代码"法因其快速且无损的特点被广泛应用（表 14.1）（Zadoks et al., 1974; Tottman and Broad, 1987）。精细确定作物的生育期对生理研究非常重要，因为关键生育期（出苗期=GS10；顶端小穗期=GS30/第一节高于分蘖节 1cm 期=GS31；抽穗期=GS51；开花期=GS61；灌浆中期=GS75；成熟期=GS87）标志着作物生命周期的重要变化。肥料、灌溉、农药、杀虫剂和杀菌剂的应用，病、虫害发生情况，以及逆境胁迫（低温、高温和干旱等）与作物生育进程的关系较日期更为密切。

表 14.1　Zadoks 谷类作物生长阶段（Zadoks et al., 1974）

GS	生长描述	GS	生长描述
	萌发	23	主茎和 3 个分蘖
00	干种子	24	主茎和 4 个分蘖
01	开始吸水	25	主茎和 5 个分蘖
03	吸水完成	26	主茎和 6 个分蘖
05	胚根露出	27	主茎和 7 个分蘖
07	胚芽鞘露出	28	主茎和 8 个分蘖
09	第一叶伸至胚芽鞘尖端	29	主茎和 9 个或更多分蘖
	苗期		茎伸长（拔节期）
10	第一叶伸出芽鞘	30	伪茎直立
11	第一叶展开	31	第一节可见
12	第二叶展开	32	第二节可见
13	第三叶展开	33	第三节可见
14	第四叶展开	34	第四节可见
15	第五叶展开	35	第五节可见
16	第六叶展开	36	第六节可见
17	第七叶展开	37	旗叶露尖
18	第八叶展开	39	旗叶叶舌/叶鞘可见
19	第九叶或更多叶展开		
			孕穗期
	分蘖期	41	旗叶叶鞘伸长
20	仅有主茎	43	旗叶叶鞘开始膨大
21	主茎和 1 个分蘖	45	旗叶叶鞘膨大
22	主茎和 2 个分蘖	47	旗叶叶鞘开裂

续表

GS 生长描述	GS 生长描述
孕穗期	75 乳熟中期
49 第一芒可见	77 乳熟后期
	面团期
抽穗期	81 面团始期
51 顶部第 1 小穗可见	83 面团早期
53 1/4 的穗部露出	85 软面团期
55 1/2 的穗部露出	87 黄熟期
57 3/4 的穗部露出	89 黄熟后期
59 整穗抽出	成熟期
	91 籽粒坚硬（不易用指甲分开，含水量16%）
开花期	92 籽粒坚硬（不再能用指甲掐出凹痕）
61 开花期	93 籽粒白天松动
65 一半开花	94 过度成熟，茎秆死亡并出现倒伏
69 全部开花	95 种子休眠
	96 50%有生活力种子发芽
乳熟期	97 种子不休眠
71 颖果水熟	98 二次休眠
73 乳熟早期	99 二次休眠终止

用于生理研究的最佳采样时间是由作物生育期和积温（积温=天数×日平均温度）决定的，其中积温（除日长和春化温度之外）关系到生长发育速率。一般认为在 0~25℃ 范围内，小麦的生长与单位温度呈线性关系。对于特定的基因型，用于完成其特定生育阶段的热时间常数（积温）通常是恒定的。对春小麦而言，成熟所需的热时间常数平均为 1550℃·d（如超过基础温度 15℃ 的天数为 103 天），冬小麦的热时间常数则约为 2200℃·d。

（一）地点及环境条件

可以在任何环境条件下开展调查。

（二）时间

可以在每天的任何时间开展调查。

（三）植物发育阶段

关键生育期：出苗期、顶端小穗期/第一节点高于分蘖节 1cm 期、抽穗期、开花期、灌浆中期和成熟期，这些时期是信息量最丰富的时期。花后 7 天的样品被认为在生理学研究的战略上非常重要，因为在这个时期穗子结构的干重达到最大，籽粒几乎没有质量，茎秆中的水溶性碳水化合物（WSC）达到峰值。

关键敏感时期：在胁迫条件下，仔细观察抽穗日期非常有用。在极端干旱条件下，开花和授粉有可能在穗子未抽出时发生；在高温胁迫条件下，可能抽穗，但有可能没有花药。在这些情况下，为了确定开花日期，一个方法是打开旗叶的叶鞘让穗子或小花显现，打开小花让花药也显现出来，便于观察；第二个方法是基于正在发育的籽粒长度，一般授粉后7~10天籽粒会达到最大长度，具体时间依环境而定。

（四）每个小区样本量

每个小区取一个样点或10株，也可以取50或100个单茎（参见下面的个体测量）。

（五）步骤

携带下述设备到田间：
- Zadoks生育期划分法（表14.1）
- 田间记载表和纸夹板

（六）测定建议

在生长周期内持续观测作物的生长是非常重要的。在预计取样的生育期之前，必须每2~3天评估和记录每个小区作物的生长阶段。作物的生长速度受基因型影响，同一个试验的不同小区有可能在不同的日期达到关键生长时期。因此，需要不定期取样以确保不同基因型间的一致性。育种家和科学家们可能希望将"早"和"晚"的基因型分开以避免混淆数据分析（如本书第一章的冠层温度）。

当一个小区里有50%的主茎达到和所有单茎的50%达到某一生育时期（包括GS31），就可以确定这一生育期的到来。数据一般用"播种后天数"（DAS；1DAS表示播种当天）表示苗期，用"出苗后天数"（DAE；1DAE表示出苗当天）表示后续的生育时期。

1. 出苗期（GS10）

出苗期指50%的小苗出现，也就是第一片真叶露出地面（第一片叶的尖端是圆的）。目测估计出苗期通常是可靠的，因为出苗基本上是一致的。每天统计出苗数直到数据不再变化，出苗50%时即为出苗期。小麦从3cm深处发芽和出苗大约需要105℃·d（图14.1）。

2. 顶端小穗期（GS30）/第一节高出分蘖节1cm期（GS31）

GS30是主茎形成穗子的最后一个小穗可以观察到的日期，通常每个品种观察10株左右（如两个重复各自观察5株）。然而，确定GS30比较费力，为保证准确性通常需要用显微镜观察。作为一种替代选择，GS31更容易通过肉眼识别，为第一节高出分蘖节约1cm的日期，也可依据GS30推断。绝大多数品种主茎产生一个蘖或叶片需要80~100℃·d（图14.2）。

3. 抽穗期（穗子出现）（GS55/59）

抽穗期指田间50%茎秆的穗子露出50%的时期（也就是穗子的中部位于旗叶叶舌处）

图 14.1　出苗期
A. 田间出苗（引自：wheatbp.net）；B. 完全出苗（GS12，两片叶展开）

图 14.2　识别茎秆开始生长
A. GS31 的植株；B. 除去其他组织的生长中的穗和茎秆，分别代表 GS30、GS31 和 GS32（引自：wheatbp.net）；
C. 放大的显示顶端小穗的 GS30 穗（放大 40 倍；摄影者：Ariel Ferrante，University of Lleida）

（GS55）。然而，通常记录 50%的穗子完全露出旗叶叶鞘的日期（相当于"完全抽穗期"；GS59）。通常由一个人负责目测调查试验所有的处理，也可以在每个小区中调查 50 或 100 个单茎来确定抽穗期（图 14.3）。

4. 开花期（GS61/65）

在开花期，从第一个花药出现到整个穗子所有花药出现通常需要 3~5 天，具体天数随环境温度而定。开花始期（GS61）是 50%的穗子露出至少一个花药的日期，注意第一个露出花药的是中部小穗，上部和基部小穗的花药露出较晚（图 14.4C）。通常记录开花中期的日期（GS65），即 50%的穗子已经露出 50%花药的日期。随着生长，花药的颜色由最初的黄色变为白色（图 14.4）。

5. 灌浆期（GS71~85）

籽粒形成经过水熟、乳熟、蜡熟和黄熟期。授粉 7~14 天后的籽粒生长主要是果皮——包含着水状液体的子房壁的生长（GS71）。此后淀粉开始沉积（GS73~GS77）。当无乳状液体存在且籽粒含水量下降时面团开始形成（从 GS83 的 45%，或 GS85 的 30%下降至 GS92 的 20%以下）。黄熟期是籽粒干重最高的时期。

图 14.3　抽穗的顺序（引自 wheatbp.net）

孕穗末期：A. GS47；B. GS49。抽穗始期：C. GS51；D. GS57

图 14.4　开花期

A. 带有新抽出的黄色花药和已经老化的白色花药的开花中期（GS65）（摄影者：Xochiquetzal Fonseca，CIMMYT）；
B. 子房和连着的花药（引自：wheatbp.net）；C. GS61、GS65 和 GS69 的开花过程示意图

应在灌浆中期（GS75）选择有代表性籽粒进行测定，即当 50%穗子有一半的籽粒已经达到乳熟中期。通过用拇指和食指挤压籽粒使胚乳流出进而判定是否达到该时期。随含水量的下降籽粒由乳熟、蜡熟至黄熟期，胚乳则由开始的乳状液体状不断凝固（图 14.5）。

6. 生理成熟期（GS87）

这是籽粒干重达到最大的时期，此时籽粒具有再次发育的活力。在田间很容易识别该时期，即为 50%的穗下节已经成熟（黄色），同时颖壳（通常为小麦植株最后衰老的器官）的颜色也逐渐变黄。由同一个人目测鉴定试验的所有处理即可，也可以每小区取 50 或 100 个单茎进行测定（图 14.6）。

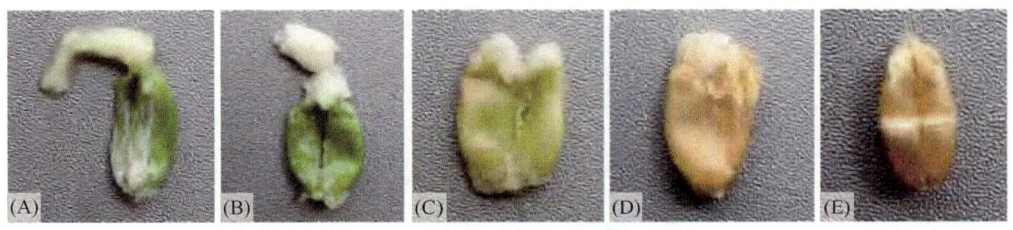

图 14.5 灌浆期不同阶段被挤扁的籽粒
A. 乳熟中期（GS75）；B. 乳熟后期（GS77）；C. 面团早期（GS83）；D. 软面团期（GS85）；
E. 黄熟期（GS87），只有很浅的压痕

图 14.6 生理成熟期的测定
A. 生理成熟期的植株（GS87）；B. GS83、GS87 和 GS92 穗下节比较；
C. GS83、GS87 和 GS92 的茎秆颜色示意图

（七）小麦生育时期

Zadoks 谷类作物生长阶段的"十进制码"共分 10 个大的生长阶段，每个大生长阶段各分 10 个小的阶段（表 14.1）。

（八）故障排除

问题	解决方法
分蘖期如何确定主茎？	主茎是最长最壮的分蘖（发育成熟的叶片也最多）。将一棵植株的所有分蘖从基部节点聚拢，从茎秆基部到新展开叶片顶端的距离最长的分蘖即为主茎
田间识别顶端小穗（确定 GS30）比较困难和费时	在小区繁多的田间，辨认出距离分蘖节 1cm 的第一个节间出现（GS31）的时间对于确定顶端小穗非常有用，可以此协助确定
干旱胁迫试验条件下，穗子在开花前未抽出	为了确定这种试验的小麦开花期，有必要剥开旗叶的叶鞘使穗子露出，或者根据发育中籽粒长度倒推
不同基因型和地点的小麦生长发育数据与生长天数无清晰关系	利用积温很有意义，因为温度决定生长速率

参 考 文 献

Tottman, DR. and Broad, H. (1987) The decimal code for the growth stages of cereals, with illustrations. *Annals of Applied Biology* 110, 441–454.

University of Bristol. (2011) Wheat: The big picture. Bristol Wheat Genomics. Available at: http://www.wheatbp.net/ (accessed 11 January 2012).

Zadoks, JC., Chang, TT. and Konzak, CF. (1974) A decimal code for growth stages of cereals. Weed Research 14, 415–421.

延 伸 阅 读

Stapper, M. (2007) *Crop Monitoring and Zadoks Growth Stages for Wheat*. CSIRO Plant Industry, Canberra, ACT. Available at: http://www.biologicagfood.com.au/wheat-management/crop-monitoring-and-zadoks-growth-stages/ (accessed 10 January 2012).

Sylvester-Bradley, R., Berry, P., Blake, J., Kindred, D., Spink, J., Bingham, I., McVittie, J. and Foulkes, J. (2008) The Wheat Growth Guide. Pp. 30, Home-Grown Cereals Authority, 2nd Edition. HGCA, London. Available at: http://www.hgca.com/ (accessed 6 January 2011).

（王德梅 译）

第十五章 当季生物量测定

Julian Pietragalla, Debra Mullan, Eugenio Perez Dorame

生物量取样可以反映作物的生长、生长速率、器官大小、叶面积和干物质在不同器官中分配的信息，可用于计算辐射利用效率，也是形态测量、营养或代谢物分析的基础[如氮、磷、蛋白质、水溶性碳水化合物（WSC）等]。不利的环境条件，如干旱和高温胁迫，会大幅减少生物量，进而降低作物拦截太阳辐射的能力，减缓光合作用和/或降低辐射利用效率。

生物量的降低也减少了籽粒灌浆过程中可利用的光合产物的数量。确定能够在胁迫条件下保持干物质生产的基因型是识别适应性较好品系的一个重要手段。

（一）地点及环境条件

取样可以在大多数环境条件下进行。同时，植物表面没有被露水、灌溉及雨水打湿也很重要。

（二）时间

虽然在可能的情况下应在早上取样，以便当天处理，但可以在一天的任何时间取样。

（三）植物发育阶段

可在作物发育的任何阶段进行测定，也可以根据试验目的/胁迫峰值出现的时间，从分蘖始期到生理成熟期以固定的时间间隔进行。通常按照在连续的生育期内以一定的时间间隔采样。最重要的几个发育阶段是：茎秆开始伸长期（GS30/31）；孕穗始期（GS41）；花后7天（GS61+7d）；灌浆中期（GS75）和生理成熟期（GS87）。采样的时间间隔可以使用出苗后天数（如出苗后20天、40天、60天），直到发育阶段变得更加明显。

在发育早期（直到第一茎节高于分蘖节 1cm），生物量最容易采样，可以直接连根拔起，去除根部（由于土壤颗粒有可能粘在下部叶片上，拔出的植株需要先清洗，再烘干）。这些数据可以用来计算植株密度。本章将介绍拔节期至灌浆期（GS32~GS77）的生物量取样方法。成熟期的生物量取样方法在本书第十八章有相关介绍。

（四）每个小区样本量

从每个小区有代表性的区域取一个大于 $0.25m^2$ 的样方。

(五)步骤

以下是花后 7 天的取样步骤,样品可用于测定旗叶或全部叶片面积、生物量分配、分蘖数、穗指数及碳水化合物和/或营养成分含量的二次采样,如图 15.1 所示。

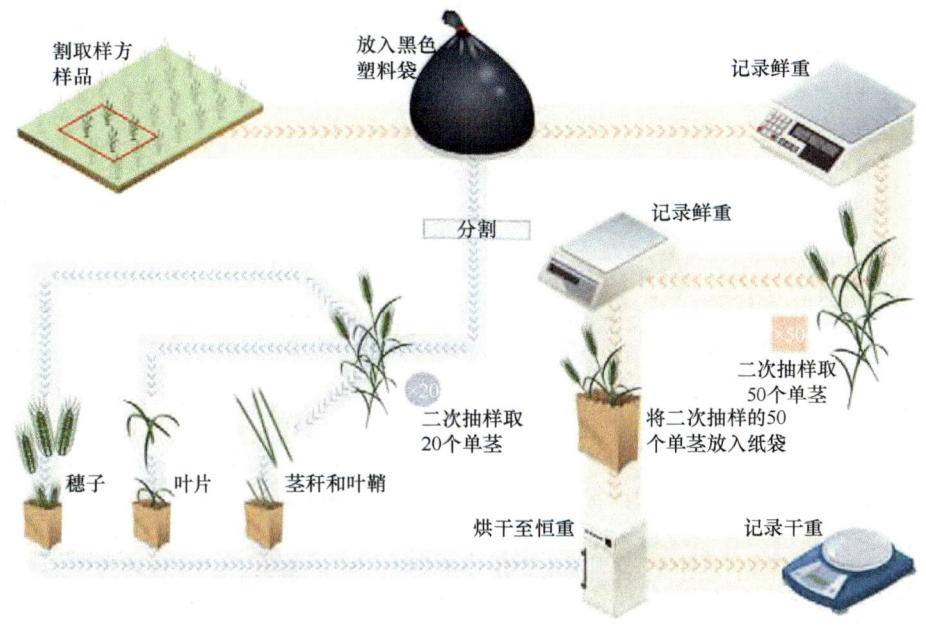

图 15.1　当季生物量和茎秆样品分割示意图

携带下述设备到田间:
- 写好标签的袋子手持式红外测温仪
- 样方卡(便于确定样方的"U"形工具)
- 镰刀或其他锋利的刀具

(六)测定建议

割取生物量样品时,很重要的一点是尽可能地离地面近,但不能带出土壤和根系。在干旱条件下取样可能比较困难,因为容易连根拔起。在这种情况下,用剪刀取样更容易些,要确保样品放入袋子时不能带有根系。

取样后进一步处理前,生物量样品应该保存在阴凉处。用于 WSC 分析的样本应保持凉爽,并迅速处理/烘干(取样 2h 内),以避免呼吸损失碳水化合物。不要将取样的茎秆剪碎,如果必要的话可以弯曲(见本书第十六章)。

如果样品用于详细的生理研究,如生物量和/或养分含量的测定,往往需要将冠层分割为单个器官,如叶片(所有叶片/单个叶片)、叶鞘、茎(节间和穗下节),以及穗子,以便进一步测量各器官的生物量和/或养分含量。样品分割通常是基于大于 20 个可育茎的样本。当二次抽样/选择茎秆时,必须小心抽取以确保单茎的所有器官包括在内。注意养分分析还需要单独考虑。

在大多数情况下，测定干物质量需要额外选取有代表性的茎秆（如可育茎）以减少对烘箱空间的需求。合理放置样品，优化使用烘箱，特别要避免将新鲜样品和干燥样品混合放置。

（七）准备工作

1. 准备田间样品袋，袋子上应有清晰可见的标签，详细写明试验名称、取样日期和小区号码（如图 15.2C 所示黑色塑料袋）。每个袋子用两个标签，一个贴在袋子外面，另一个放在里面。

2. 准备用于烘干样品的纸袋：大袋用于 50 个单茎，中袋用于 20 个单茎/穗子，小袋用于分割取样。在袋子上打孔以提高烘干效率（使用一个打孔机以确保每袋有一个类似的洞，图 15.2D）。

图 15.2　生物量取样
A. 花后 7 天剪取 50cm 样方的样品；B. 干旱处理条件下，在籽粒灌浆中期使用样方卡割取样品；C. 将样品立即放入贴有标签的黑色塑料袋；D. 用打孔的纸袋装样品提高烘干效率

（八）田间测定

3. 选择可以代表小区长势的区段，避免边行（见图 15.2A 和图 15.2B）。
4. 使用样方卡准确切割出一定面积的样方，并用镰刀或剪刀取样方中的样品。
5. 立即把割下来的茎秆放入黑色塑料袋（检查标签号和小区号），确保所有生物量样品都是细心采集的，注意不要携带土壤或根。
6. 立即把袋子放在阴凉处，不允许将样本放在阳光下暴晒（这可能会导致水凝结在塑料袋里，植物可能会不均衡地失去水分）。

7. 完成取样后，应尽快开始实验室处理。

（九）实验室测定

8. 称取皮重（称一个空塑料袋和两个标签，见本书第二十二章）。
9. 立即称取总样品的鲜重（FW_Q）。确保袋里的所有样品都准确放置在天平上。
10. 从样方样品中随机选择 50 个绿色茎秆（即最新的叶子是绿色的），并称重（FW_SS50）。这些茎秆是否可育并不重要（即是否有穗子），重要的是这个混合样品能够代表所有茎秆。
11. 在随机抽取的 50 个茎秆中，数出已经明显孕穗或穗子已经可见的茎秆的数量。
12. 将 FW_SS50 的样品放入贴有标签的大纸袋中，放入烘箱干燥并测定干重（核对标签和小区号）。

（1）分割

13. 从样方样本中，随机选择 20 个可育茎，确保所有茎秆具有发育良好的穗子。
14. 在穗基部剪掉穗子。
15. 重新计数，以确保有 20 个茎秆和 20 个穗子。
16. 将 20 个茎秆再次分割，摘下叶片（可按叶位分为旗叶、倒二叶等；或者将所有叶片放在一起），把茎切成节间（根据需要），或弯曲用于茎秆 WSC 测定（避免切口处造成 WSC 损失）。注意，烘干后叶鞘最容易从茎中剥除。

（2）旗叶或总叶面积的测定

17. 从所有叶片中，捡出黄色或已经枯萎的部分，保留绿色部分，用自动面积仪测定绿色面积（见本书第十二章）。测定后将所有叶子再放回 20 个茎秆的样本袋或独立的有标签的袋子，以测定干物质重。

（3）干重的测定

18. 把茎、穗子和其他部分放入独立的贴有标签的小号或中号纸袋（核对标签和小区号）。不必称量这些植株部分的鲜重。
19. 把所有二次抽样样品放入一个通风良好/强制通风的烘箱中，于 60~75℃烘至恒重（通常至少 48h）。包括用于称皮重的干净空纸袋。
20. 将样品从烘箱中拿出，置于室温下冷却（但不允许从空气中吸收水分）。保持样品在袋子中（避免生物量损失）。
21. 将适当大小的空纸袋放在天平上并归零。
22. 称取并记录干重(DW_SS50；和/或 DW_SS20_茎秆，DW_SS20_穗子，DW_SS20_叶片，等等）。

（4）WSC 的测定

将二次抽样的 20 个茎秆样品的叶片和叶鞘去除，称重并磨碎（使用植物组织磨粉机或研磨机），进行 WSC 分析，得到水溶性碳水化合物的浓度（见本书第十六章）。

（5）养分含量的测定

整株或某个器官（如叶片/单个叶层、叶鞘、茎、穗等）的养分含量分析（如总 N%）需要 20 个二次抽样的单茎。植物材料需要烘干、粉碎并过筛，放置于密封的容器中（防止再次吸收水分）。测试仅需少量样品（通常为≤1g）。对于小样本，应该特别注意，因为样品处理中常发生材料损失。检查实验室的具体操作程序，确保符合要求。

（十）数据和公式

表 15.1　样品整株或不同器官生物量的计算公式和例子

项目	每个样方的计算公式	每个样方的计算*	每样方	每平方米**
生物量干重	FW_Q×（DW_SS50/FW_SS50）	3000×（120/500）	720g	900g
分蘖数	FW_Q/（FW_SS50/50）	3000/（500/50）	300 分蘖	375 分蘖
可育茎数	(#可育茎 FW_SS50/50)×#分蘖数每 Q	(35/50)×300	210 可育茎	263 可育茎
穗指数	DW_SS20_穗子/（DW_SS20）	15/（40+15）	0.27	0.27
叶片干重	（DW_SS20_叶片/DW_SS20）×DW_Q	(10/55)×720	131g	164g
叶片含氮量	叶片干重×氮含量	131×3%	3.93g N	4.91g N

注：FW=鲜重；DW=干重；Q=样方；SS=二次抽样；50=二次抽样的绿色茎秆数量；20=用于器官分割二次抽样的可育茎的数量。

* 假设：样方面积=0.80m²；FW_Q=3000g；FW_SS50=500g；DW_SS50=120g；DW_SS20=40g；而且，DW_SS20_穗子=15g；DW_SS20_叶片=10g；%N 叶片=3%。二次抽样中有 35 个绿色可育茎。

** 数据通常表示为每平方米，由样方面积乘以样本面积与样方面积的系数得到[如样方长（0.5m）×宽（1.6m）=0.80m²；因此 1/0.80=1.25×每样方]

田间种植的开花期小麦的氮浓度通常为：叶片，2%~4%N；叶鞘，1%~2%N；茎，1%~2%N；穗子，1%~3%N。营养再同化的研究需要两个或两个以上时期的样品（如花后 7 天和成熟期）。在初始取样前标记形态和物候特征一致的茎秆有利于提高数据的可比性。

相对生长率（RGR；g DW·d^{-1}）是在单位时间单位面积上作物总干重的变化。测定 RGR 需要连续测量整个生长周期的生物量。将干重进行对数（ln）转换可提高曲线的拟合度。RGR 变化主要与辐射截获有关（Monteith，1994）。

$$RGR = (DW_2 - DW_1)/(t_2 - t_1) \qquad (15.1)$$

式中，DW 为干重（g·m^{-2}）；t_1 为第一次取样时间（天数）；t_2 为第二次取样时间（天数）。

（十一）故障排除

问题	解决方法
叶子表面因露水、灌溉或雨水比较湿	等到叶片表面干爽再取样，因为表面的水分（如早晨有露水）会导致生物量的测量不准确
同一试验不同小区存在物候期的差异	为了让特定生育阶段的数据具有可比性，有必要在同一个时期内割取生物量样品。提前计划好取样顺序有利于揭示这个问题
50 个茎秆的二次抽样应该选取哪种茎秆？	二次抽样应该能够反映生物量样品的一致性。选购的单茎应有茎秆，但不一定要有穗子
割取或二次抽样时丢失部分器官	割取或二次抽样时保证单茎的所有器官都不丢失是非常重要的。田间取样时一定要检查样方面积并收集所有落在地上的器官
所有生物量样品不能同一天完成实验室内处理	割取的材料可以在 4℃条件下保存最多 4 天（用于测定 WSC 的样品需当天处理）
很难将叶鞘从新鲜茎秆上分离	烘干后可以很容易且快速地将叶鞘从茎秆上分离

参 考 文 献

Atwell, BJ., Kriedemann, PE. and Turnbull, CGN. (1999) Plant biomass. In: *Plants in action: adaptation in nature, performance in cultivation*. Macmillan Publishers, Australia. Available at: http://plantsinaction.science.uq.edu.au/edition1/?q=content/6-1-2-plant-biomass (accessed 20 December 2011).

Monteith, JL. (1994) Validity of the correlation between intercepted radiation and biomass. *Agricultural and Forest Meteorology* 68, 213–220.

（王德梅 译）

第十六章 水溶性碳水化合物含量

Julian Pietragalla, Alistair Pask

水溶性碳水化合物（WSC）是储存在茎秆中的糖类物质，如果聚糖、蔗糖、葡萄糖、果糖等。水溶性碳水化合物主要分配在茎秆中，积累到开花期左右，作为储备物质从茎秆中转运到发育的籽粒中。这些储备是籽粒灌浆的重要碳源，通常籽粒需要超过当前同化作用的碳源，在有利条件下茎秆 WSC 对籽粒产量的贡献率为 10%~20%。这一特点在干旱、高温和/或病害胁迫条件下尤其明显，在这些条件下，籽粒灌浆期间的光合碳水化合物的供应受到抑制/存储有限，茎秆存储的 WSC 对籽粒产量的贡献可能达 50%。例如，已有研究表明，小麦在后期干旱胁迫条件下（如在澳大利亚土壤深层水分不足时），茎秆 WSC 能够缓冲其对生物量生产、籽粒产量和收获指数（HI）的影响，与提高水分吸收（WU）和水分利用效率（WUE）有关。基于性状的育种研究证实，茎秆 WSC 储藏量高和转运效率高的基因型会促进籽粒灌浆，并提高籽粒产量。

WSC 的积累，尤其是茎秆的存储能力是遗传特性的一个反映，环境会影响 WSC 的积累和后续用于灌浆的同化物的有效性。当 WSC 含量在灌浆早期达到顶峰时，WSC 的总量可能达茎秆总质量的 40%或更多（Kiniry，1993；Reynolds et al.，2009）。水溶性碳水化合物（WSC）的存储可能需与其他源器官的发育相平衡，如深层根系的生长（Lopes and Reynolds，2010），分蘖的存活或穗子的发育。WSC 主要分布在穗下节和倒数第二节，因此具有长穗下节的高秆品系倾向于有更大的储存能力。WSC 可以用其在干物质中的浓度（如百分比，%WSC，或 $mg·g^{-1}$）来表示，以反映该基因型茎秆潜在的储藏能力；或以每个茎秆（$g·茎^{-1}$）或每单位面积（$g·m^{-2}$）的 WSC 含量来表示，以反映可用于籽粒灌浆的碳水化合物的绝对含量。

（一）地点及环境条件

样品可以在大多数环境条件下获取。不过，植物表面需没有被露水、灌溉及雨水打湿，这一点很重要。

（二）时间

样品应该在早晨采集——这是一天中最好的取样时间——可以减少因呼吸作用造成碳水化合物的损失，并能够在同一天完成后续的处理。

（三）植物发育阶段

可在拔节末期以后的任何生长阶段进行测定，也可根据试验目的/胁迫峰值出现的时间，从开花中期至生理成熟期以固定的时间间隔进行测定。

WSC 峰值的测量：在花后 7 天（干旱）至 14 天（有利条件）取样。注意，在严重胁迫条件下，WSC 峰值可能在开花期之前达到。

WSC 的积累动态和再同化的测量：从开花期到生理成熟期每 7~14 天取一次样。

（四）每个小区样本量

每个小区取 20 个单茎。

（五）步骤

下面介绍从花后 7 天生物量样方（见第十五章）中随机选择可育茎测定 WSC 的步骤，见图 16.1。

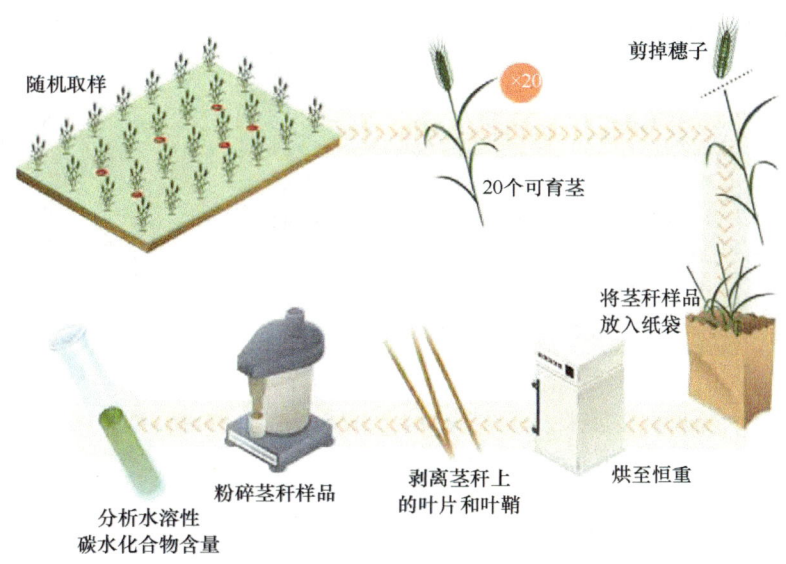

图 16.1　小麦茎秆 WSC 含量测定示意图

携带下述设备到田间：
- 贴好标签的纸袋
- 修枝剪/刀

（六）测定建议

将茎秆样品放入能充分通风以便均匀干燥的纸袋中（如在袋子上打孔）。重要的一点是保持样品干燥，并尽快处理、烘干，尽可能减少呼吸对碳水化合物的损失——通常在取样后 2h 内完成。

WSC 取样常与当季生物量和干物质分配样品取样（见第十五章）同时完成。仔细确定抽样方法，以最经济的方式获取最多的数据（如可以从这 20 个茎秆样本中获得干物质分配数据）。也可以单独分析叶片和/或叶鞘的 WSC，或者分析包含叶片和叶鞘的整个茎秆的 WSC。

（七）准备工作

1. 准备用于烘箱干燥的纸袋：使用已打孔的中号纸袋以提高烘干效率（使用同一个打孔机，确保每个纸袋具有相同的孔）。

（八）田间测定

2. 从每个小区中随机选取 20 个可育茎，确保所有单茎都有发育良好的穗子（图 16.2）。
3. 放入一个贴有标签的纸袋。或者从当季生物量样方中随机选择 20 个单茎（见第十五章）。

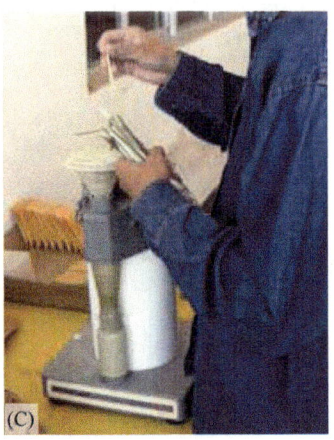

图 16.2　WSC 含量测定的取样
A. 田间选择 20 个单茎；B. 手工摘掉叶片和叶鞘；C. 使用旋风磨粉碎烘干的茎秆

（九）实验室测定

4. 从穗基部剪掉穗子。
5. 在 60~75℃烘箱中烘至恒重（即至少 48h）。
6. 摘掉叶片和叶鞘（图 16.2B）。
7. 称量茎秆样本的质量（采用每茎秆或单位面积计算 WSC 含量）（DW_20 茎秆）。
8. 粉碎样品（如使用带有 0.5mm 筛的粉碎机）。在处理不同样品之前，仔细清理粉碎机（图 16.2C）。
9. 将研磨好的样品放入信封。

（十）分析

准备好的样品通常送给专业实验室进行分析：①蒽酮法（每个样的成本 5.00 美元）；②或使用校准曲线的近红外反射光谱法（NIRS）扫描（每个样的成本 0.50 美元）。NIRS 检测技术是一种间接方法，其优点是如与使用%N 校准曲线结合，可同时给出%N 值（图 16.3）。

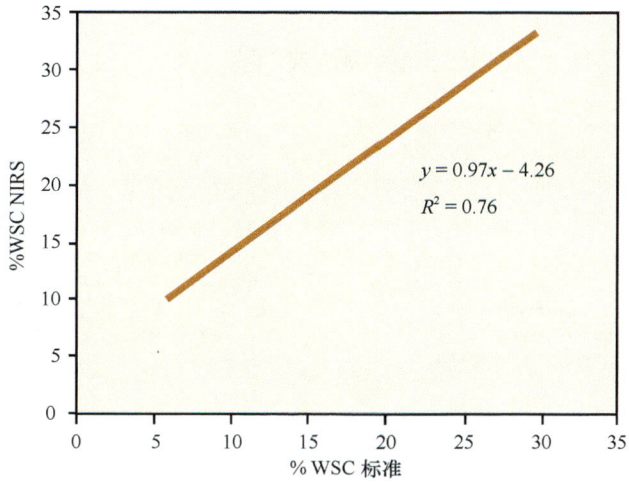

图 16.3 开花期近红外反射光谱法的校准曲线（改编自 Pinto et al.，2006）

（十一）蒽酮法测定 WSC 含量

该方法是通过定量比色来估算碳水化合物含量。当碳水化合物与蒽酮在酸溶液中加热时会产生绿色（详见 Yemm and Willis，1954）。

（十二）使用校准曲线的近红外反射光谱法

近红外反射光谱法（NIRS）使用预测方程来估计 WSC 含量，该方程经蒽酮法化学分析结果交叉验证。在 1585~1595nm 和 1900~2498nm 下扫描样品。不同环境条件、不同生长阶段的样品需要不同的校准曲线。注意，当使用 NIRS 分析时，建议用蒽酮法检测 5%的样本，对结果进行校准（图 16.3）。

（十三）数据和计算

数据通常以干物质中 WSC 的百分比（%WSC）表示。也可以据此计算每个茎秆（g·茎$^{-1}$）或单位面积（g·m^{-2}）的 WSC 含量：

$$WSC（g·茎^{-1}）= \%WSC \times [(DW\_20 茎)/20] \quad (16.1)$$
$$WSC（g·m^{-2}）= WSC（g·茎^{-1}）\times 茎·m^{-2} \quad (16.2)$$

在最优条件下，WSC 浓度范围为 10%~25%，每个茎中 WSC 含量为 0.2~0.5g·茎$^{-1}$；群体密度为 300 茎·m^{-2} 的条件下，每平方米干物质的 WSC 含量为 60~100g·m^{-2}。

（十四）故障排除

问题	解决方法
数据误差较大	检查粉碎机是否一直能够磨出 0.5mm 的样品，且筛子能够确保样品中的颗粒分布均匀 磨样时，不同样品间一定要彻底清理干净粉碎机，避免交叉污染 近红外光谱分析前，必须重新烘干样品，以去除任何再吸收的水分，影响读数

参 考 文 献

Kiniry, JR. (1993) Nonstructural carbohydrate utilisation by wheat shaded during grain growth. *Agronomy Journal* 85, 844–849.

Lopes, MS. and Reynolds, MP. (2010) Partitioning of assimilates to deeper roots is associated with cooler canopies and increased yield under drought in wheat. *Functional Plant Biology* 37, 147-156.

Pinto, S., González, H., Saint Pierre, C., Peña, J. and Reynolds, MP. (2006) Obtención de un modelo matemático para la estimación de carbohidratos solubles en paja de trigo (*Triticum aestivum*) mediante reflectancia espectral cercana al infrarojo (NIRS 6500). *VI Congreso Nacional de la Asociación Nacional de Biotecnología Agropecuaria y Forestal (ANABAF A.C.)*, ITSON, Cd Obregón, Sonora, 22-25 Octubre 2006.

Reynolds, MP., Manes, Y., Izanloo, A. and Langridge, P. (2009) Phenotyping approaches for physiological breeding and gene discovery in wheat. *Annals of Applied Biology* 155, 309–320.

Yemm, EW. and Willis, AJ. (1954) The estimation of carbohydrates in plant extracts by anthrone. *The Biochemical Journal* 57, 508–514.

延 伸 阅 读

Blum, A. (1998) Improving wheat grain filling under stress by stem reserve mobilization. *Euphytica* 100, 77–83.

Dreccer, MF., van Herwaarden, AF. and Chapman, SC. (2009) Grain number and grain weight in wheat lines contrasting for stem water soluble carbohydrate concentration. *Field Crops Research* 112, 43–54.

Pollock, CJ. (1986) Fructans and the metabolism of sucrose in vascular plants. *New Phytologist* 104, 1–24.

Rebetzke, GJ., Van Herwaarden, AF., Jenkins, C., Weiss, M., Lewis, D., Ruuska, S., Tabe, L., Fettell, NA. and Richards, RA. (2008) Quantitative trait loci for water soluble carbohydrates and associations with agronomic traits in wheat. *Australian Journal of Agricultural Research* 59, 891–905.

Ruuska, S., Rebetzke, GJ., Van Herwaarden, AF., Richards, RA., Fettell, N., Tabe, L. and Jenkins, C. (2006) Genotypic variation for water soluble carbohydrate accumulation in wheat. *Functional Plant Biology* 33, 799–809.

Van Herwaarden, AF., Farquhar, GD., Angus, JF., Richards, RA. and Howe, GN. (1998) 'Haying-off', the negative grain yield response of dryland wheat to nitrogen fertilizer. I. Biomass, grain yield, and water use. *Australian Journal of Agricultural Research* 49, 1067–1081.

Xue, GP., McIntyre, CL., Jenkins, CLD., Glassop, D., Van Herwaarden, AF. and Shorter, R. (2008) Molecular dissection of variation in carbohydrate metabolism related to water-soluble carbohydrate accumulation in stems of wheat. *Plant Physiology* 146, 441–454.

（王德梅 译）

第十七章　测定水分、养分和根系含量的土壤取样

Marta Lopes, J. Israel Peraza Olivas, Manuel López Arce

土壤样品能够提供资源（水和营养物质）的有效性和利用方面的信息，反映植物和土壤（如根）之间的相互作用。土壤的水分和养分含量数据可以评估植物可利用量及其在土壤剖面的分布情况；也可用来计算作物生物量和籽粒产量水平上的吸收量、吸收效率和利用效率。根系数据可以反映作物根系的具体特点：深度、根密度和分布。这些都是高温和干旱育种中考虑的重要因素，可用来解释作物与气候和环境变量的交互效应。根系是公认的作物干旱适应性的重要组成部分（Dreccer et al., 2007；Lopes and Reynolds, 2010）。

虽然有很多基于冠层的估算水分和养分吸收及根系构型的间接测定仪器，但通过钻取土壤直接测量仍是获得这些信息最准确的办法。120cm 深的土壤样品可以通过人工（手动土钻）或者使用液压机器（拖拉机牵引的液压土壤取样器）获得，通过烘干、化学分析和（或）冲洗来分别测定水分、养分和/或根系含量。然而，应该注意，获取和处理土壤样品是一个劳动强度高且耗费时间多的过程，尤其是在土壤干燥和/或紧实的情况下，因此，对于大型试验，利用土样进行分析不是快速且适宜的筛选方法。

（一）地点及环境条件

在大多数的环境条件下均可进行土壤取样。但是必须注意土壤不能过湿，因为土壤太湿会限制机器在田间的移动，并使其非常困难。

（二）时间

可以在一天中任何时间取土样，但是上午取样可以在同一天完成后续处理。

（三）植物发育阶段

可在作物发育的任何阶段取土样，也可以根据试验目的/胁迫峰值出现的时间，从开始分蘖至生理成熟期以固定的时间间隔进行。通常在生物量采样后进行土壤采样（这样可以避免根系损伤对植物生长的不利影响，见第十五章）。若想获取总根量，可以从花后 7 天到籽粒灌浆中期取土样。

（四）每个小区样本量

每小区取 4~6 个土样。但是，如果土壤类型极其特殊，同一小区的土壤水分和根系数据可能变异非常大，明智的做法是尽可能地增加重复次数。

（五）步骤

携带下述设备到田间：

- 手动土钻（如直径 25mm）/拖拉机牵引的取土机器（如直径 42mm，见图 17.1）×120cm，以及相关工具
- 润滑油（如电机油）
- 贴有标签的塑料袋
- 卷尺（量取 30cm 土样）
- 备用塑料袋和记号笔

实验室设备：

- 百分之一天平
- 编号的铝盒（或铝箔）
- 镊子
- 烘箱（设置为 105℃，不能强力通风，以免吹乱土样）

图 17.1　土壤取样器
A. 拖拉机牵引的"Gidding"液压土钻；B. 手持式土钻

（六）测定建议

通常情况下，为了避免破坏或干扰作物生长，土壤样品取样一般是在生物量取样之后，并可与作物生长数据联系起来；或从所有试验地块中随机选择（以避免偏差）。要测定作物水分吸收，土壤含水量样品必须在每次灌溉后时间为 t_0 时测定（即时间为 0）。如果可能，避免在土壤开裂处的附近取样（因为其土壤动力学特性被影响），同时应避开其他可能阻碍取样的明显物体（如大石块）。

获得和处理田间土壤样品是个耗时的过程,尤其在土壤比较干燥和/或紧实的情况下。手动取一个土样的时间为 5(灌溉土壤)~15(干燥土壤)min,用液压机械取一个土样的时间仅为 2~5min,实验室处理至少需要 10min。合理安排时间,应在同一天或两天内完成所有小区的取土和烘干工作,以避免随着时间变化产生的环境影响。

当田间条件适宜,手动取土适用于少量取样,可以最大限度地减少对小区的干扰(如在植物发育的早期阶段),且是相当便宜的。液压机械适用于大量取样,尤其适于取深层土样和较多土壤中的根系样品。但是,在作物生育期内取土样,拖拉机会对小区造成破坏。因此,在试验设计和取样计划中应充分考虑这一点,如果可能,应选择轮子适宜的拖拉机(图 17.1A)。

不要给土钻施加太大的压力(如不能使之举起拖拉机),否则可能会永久损害土钻,并会压实土壤,而且如果土钻破裂,还可能对操作员造成危险。在一些土壤类型条件下,取土时把土壤压实是一个严重的问题,这就需要重新取样。当使用液压钻取较深土层样品时(通常>90cm),需要调整液压活塞的销子,以便实现在这些深度采样。

(七)准备工作

检查拖拉机和液压臂:软管接头,液压油,润滑导向杆和液压活塞。确保取样器是水平的,钻杆和土钻在同一个垂直面上。

1. 称取用于二次取样的干净和干燥的铝盒(带盖子)的质量("空盒质量")。
2. 准备贴好标签的塑料袋:小区号和土壤深度(如将土壤深度 0~30cm、30~60cm、60~90cm 和 90~120cm 分别缩写为 A、B、C 和 D,这很有用)。

(八)田间测定

3. 通过手动或液压将土钻插入 120cm(春小麦)或 200cm(冬小麦)深的土壤。要小心防止压实土壤样品。
4. 小心提取带有土样的土钻。
5. 将土样切割成特定的长度(如 30cm),分别放入塑料袋,并立即封口以免水分损失(图 17.2B)。
6. 应立即处理土壤,或放入 6~8℃冰箱中。

图 17.2 取土样

A. 在小区中取过生物量样品的位置取土;B. 贴有标签的塑料袋中的土样;C. 干燥中的土壤样品(盒盖半开,以允许水分蒸发)

（九）实验室测定

1. 土壤含水量的测定（图 17.3）

1. 填写土壤采样表格：包括小区号、深度（如 0~30cm，30~60cm 等）、铝盒编号，并留有记录样品鲜重和干重的空间。
2. 按小区编号和土壤深度整理排列样品袋。
3. 在打开塑料袋前，尽可能打散和混合土壤样品，使其水分重新进入样品中。
4. 打开塑料袋，将混合好的土样放入编号的铝盒中。
5. 小心盖好铝盒盖，并清洁铝盒外部。
6. 用百分之一天平称量铝盒、盖子和土样的质量（盒+湿土）。
7. 将铝盒的盒盖打开一半，放入 105℃的烘箱中，烘 48h（图 17.2C）。
8. 从烘箱中取出样品，并冷却至环境温度（但不能从空气中吸收水分）。
9. 再次用百分之一天平称量样品的质量（盒+干土）。

2. 根系量的测量（图 17.3）

（1）根系的冲洗、清洁和称量

这种方法费力、费时（图 17.4）。应小心用水将根系组织从土壤和其他杂物中分离出来。用同样的方式冲洗和清洁每个样品，以确保样品的可比性。每个样品需要 1h 进行处理并称量。也可以用自动洗根器（如 RWCUM-2，Delta-T Devices Ltd.，Cambridge，UK）冲洗根系。

i. 往塑料袋中的土壤样品加水，轻轻混匀，封口，过夜。
ii. 将土壤和水的混合物转移到一个托盘，用手轻轻搅拌，等待几分钟，并用 500μm 筛分离水和根系。手工除去大的植物材料和碎片。
iii. 将收集的根系放入耐热塑胶管。
iv. 因为部分根系可能留在托盘底部的土壤中，洗涤过程需重复至少三次。
v. 往塑胶管中加 15%的乙醇溶液（保存根样品）。
vi. 保存在 4~6℃条件下。
vii. 用钳子/镊子清洁根系样品。注意根系较脆，清洁时必须小心。移除所有无活性的根系，即颜色已经变暗且无弹性和活性的死根。
viii. 在 60~75℃烘根系 24h。
ix. 冷却后用千分之一天平称重。

（2）快速根系分析

这种方法非常快，且可提供基因型间根系差异的信息。当预计品种间有明显差异和/或当测量时间有限时，这是最好的方法。该方法使用视觉观察，后期处理较少。可以在田间或实验室进行，但是，如果要评估水分含量，应确保不损失土壤样品中的水分。每个样品的处理时间为 5~10min。

i. 将土样切成两半（水平面），暴露出横切面的轮廓。

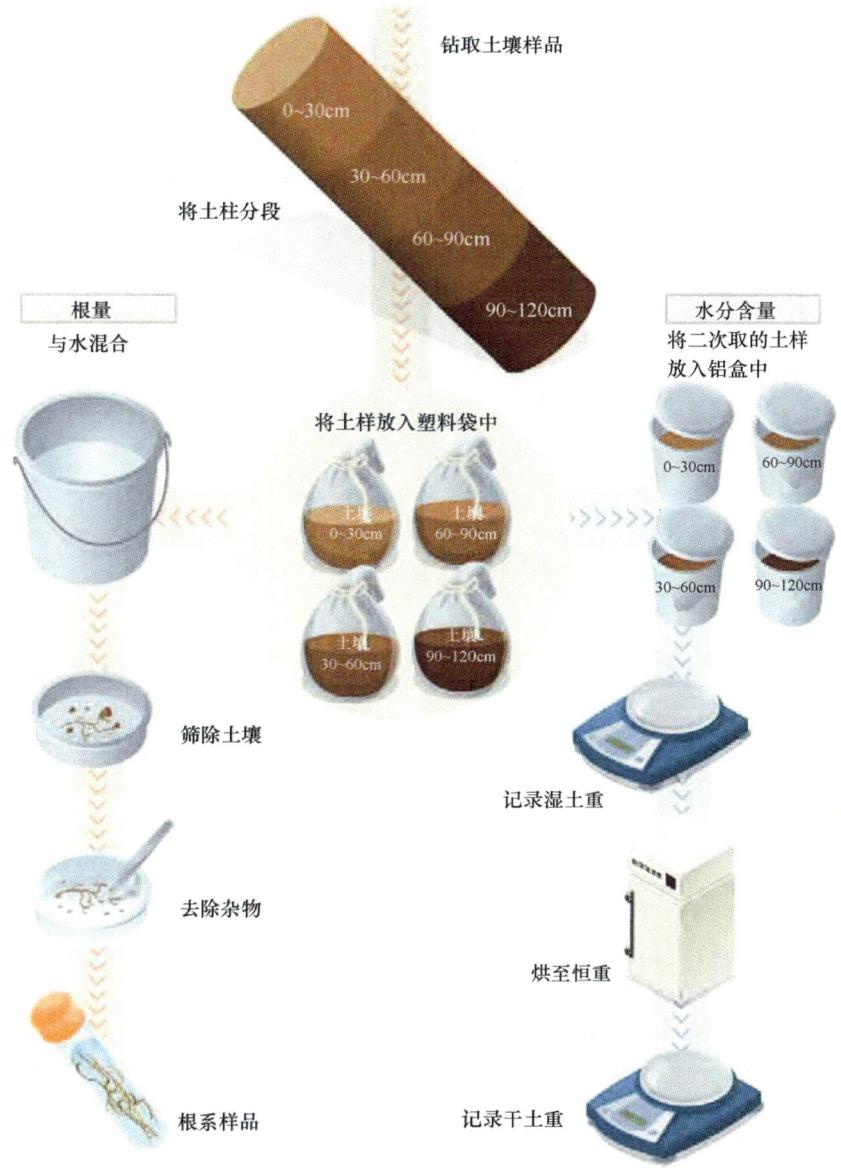

图17.3 土壤含水量和/或根系含量样品的获取示意图

ii. 计数两个横切面可以看到的根系数量/评分（0~10）（图17.5），取这两个值的平均值。
iii. 每个土层重复测量5次（如0~30cm，30~60cm等）。

注意由于观察具有主观性，因此要保持评分等级的一致性：

- 确保新观察者的评分标准与有经验观察者（熟悉评估地面覆盖）的一致，以确保观察值的标准化。
- 如果同组的几个人都参与观测，建议所有观察者在开始前校准他们的评分标准，并定期校准。
- 确保只有一个人观测同一个重复。

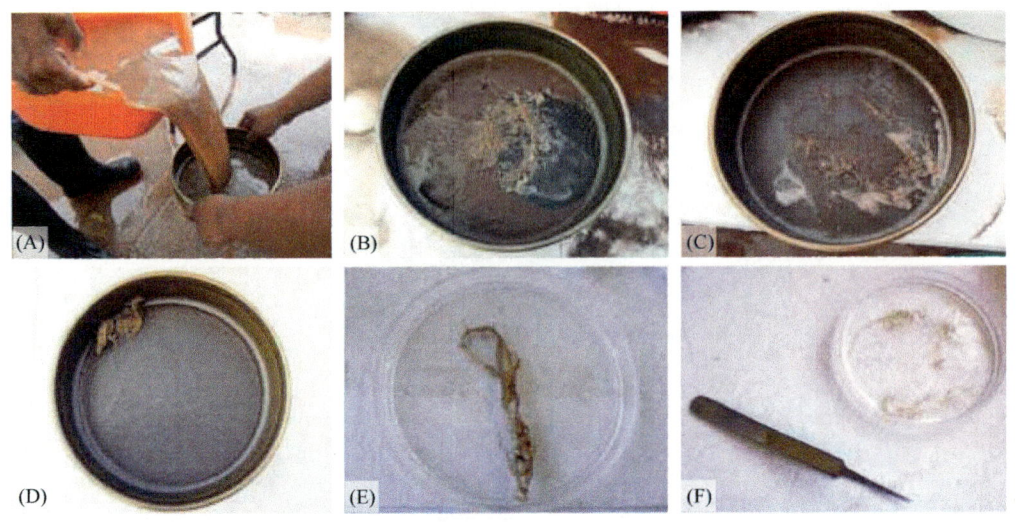

图 17.4　根系的洗涤和清洁

A. 土壤和水混合物过筛；B. 用干净的水反复冲洗样品；C. 根和其他有机物的混合物；D. 肉眼挑选的干净根样品；E. 准备用钳/镊子手工清洁的根系样品；F. 一个完成清洗的样品

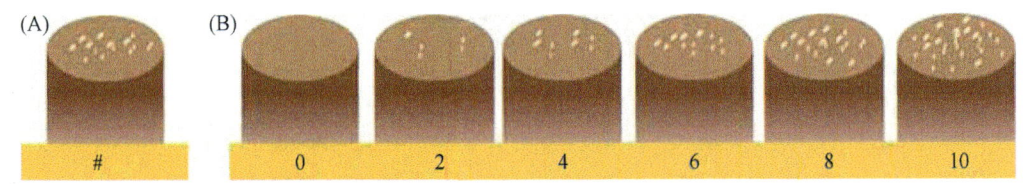

图 17.5　用于快速根系分析的暴露出根的土样

棕色圆圈表示土样横切面，黄色点代表暴露的根；A. 计数暴露根的数目（如示例中为 15）；B. 或使用相对级别（0~10）估计

（3）用数字扫描仪分析根系

与快速根系分析方法相比，用于扫描仪分析的样品需要更多的时间准备，但其结果更准确（图 17.6）。使用计算机软件（如 Delta-T SCAN, Delta-T devices Ltd., Cambridge, UK；或 WinRHIZO, Regent Instruments Inc., Quebec, Canada）分析根系样品的扫描图像，可以得到根系长度、宽度和表面积等数据。制备根系样品并不困难，但需要注意，有许多步骤容易出错。

i. 冲洗和清洁

像先前描述的方法一样冲洗根系（步骤（1）i 和（1）ii），然后（不是与乙醇混合）放在黑纸上面（以便看见根系），打湿并冷藏，直至要进行清洁。像之前介绍的一样手工清洁根系（步骤（1）vii），将根系放置于贴有清晰标签的潮湿的纸上，用塑料薄膜包好，染色前放于冷库或冰箱中。

ii. 染色和扫描准备

准备染色溶液。①配制浓缩液：称 1g 甲基紫（methyl violet，有毒），溶于 100ml 无水乙醇中，置于暗色玻璃瓶中（甲基紫对光敏感）。②在使用前稀释浓缩液：将 1ml 浓缩液加入 9ml 乙醇中，然后将此 10ml 溶液加入 90ml 蒸馏水中，得到 0.01%的甲基紫稀释溶液。

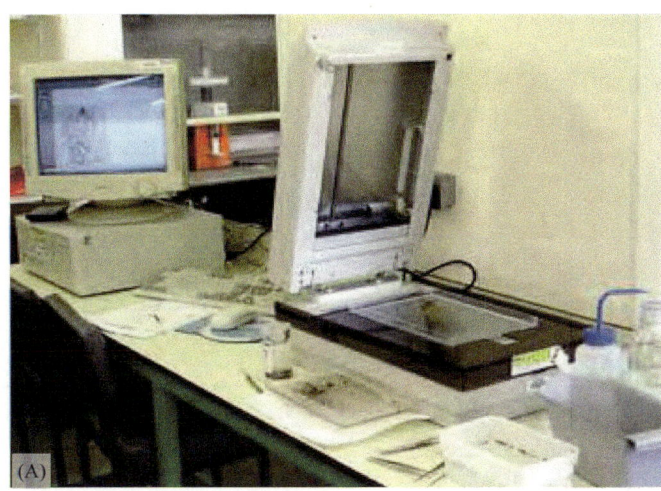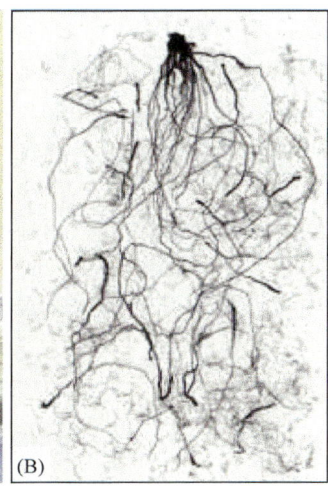

图 17.6　根系扫描

A. 根系扫描仪（WinRHIZO STD 1600+，Regent Instruments Inc.，Quebec，Canada）；B. 大麦根系的扫描图片（Photographs：Pedro Carvalho，The University of Nottingham）

根系样品染色需要以下溶液和器材：0.01%甲基紫染色液，培养皿，吸管，过滤器，吸水纸，两把镊子，漂白剂，标签。

a. 把根系样品放在贴有标签的培养皿中心。

b. 用稀释的甲基紫染色液浸没样本至少 1h 或过夜。

c. 冲洗根系样品两次，并倒掉水分。

d. 把根放到培养皿中，并用镊子使之分离成单独的根，根与根之间没有交叉重叠，用少量水更容易分离。规范每个样本的分离时间为 15min。

e. 用吸水纸仔细吸掉所有多余的水分，确保根上没有气泡或水。

iii. 扫描

扫描根系必需以下器材：准备好的根系样品，扫描仪，"Ulead PhotoExpress 3"软件。

a. 创建并命名新的图片集（如"根试验 1"，"根试验 2"，等等）。

b. 点击"Get"＞"Scanner"打开扫描仪。

c. 点击"Acquire"，打开"Settings"窗口：依次点选"Line Art"（根系以线条显现）、"Amplification 100%"（显示真实根系大小），"600dpi"和"High Quality"。

d. 点击"Preview"查看扫描，进行必要的调整（如改变扫描区域）。

e. 点击"Scan"。

f. 右击鼠标，选择"Rename"（如用小区名：1B，30~60 等）。

g. 点击"Save"，保存为".TIFF"文件。

iv. 分析扫描结果

分析扫描结果，必需："Delta-T SCAN"软件和根系扫描的.TIFF 文件。

a. 打开 DT-SCAN"Application"。

b. 打开"File"和"Load Image File"。

c. 打开"Setup"，并确定"Image Background"为"White"，"Magnification =1"（100%）。

d. 打开"Analysis"，选择"Length Sin 0"。

e. 软件将分析文件。
f. 点击"Enter"看到结果概述,并按〈F6〉看到完整的结果。
g. 分析软件"Length Sin 0"将计算根系长度、宽度、面积和体积。这个程序还可以用于计算叶片面积和土壤颗粒的大小。

(十) 数据和计算

(1) 土壤湿度的计算(表17.1)

表17.1 土壤含水量测定的示例数据

小区	深度 (cm)	铝盒编号	空盒重 (g)	盒重+湿土重 (g)	盒重+干土重 (g)	湿土重 (FW) (g)	干土重 (DW) (g)
1	0~30	127	27.62	139.87	124.91	112.3	97.3
1	30~60	128	27.77	131.11	113.51	103.3	85.7
1	60~90	129	26.79	121.05	104.28	94.3	77.5
1	90~120	130	27.41	131.09	111.55	103.7	84.1

小区	深度 (cm)	土壤含水量 (g)	重量含水量 (%)	体积含水量 (%)	土壤含水量 (mm)	吸水量 (mm)	每天吸水量 (mm·d^{-1})
1	0~30	15.0	15.4	20.0	60.0	53.5	3.57
1	30~60	17.6	20.5	26.7	80.1	33.4	2.23
1	60~90	16.8	21.6	28.1	84.4	29.1	1.94
1	90~120	19.5	23.2	30.2	90.6	22.9	1.53

表17.1中:

$$土壤含水量(g) = 湿土重(FW) - 干土重(DW)$$
$$重量含水量(\%;GWC) = (土壤含水量/干土重) \times 100$$
$$体积含水量(\%;VWC) = 重量含水量 \times 土壤容重^*$$
$$土壤含水量(mm) = 10[(GWC/100) \times SBD \times 土柱长度^§]$$
$$总吸水量(mm) = t_0 土壤含水量^† - t_1 土壤含水量$$
$$每天吸水量(mm) = 总吸水量/灌溉和抽样之间的天数^‡$$

假定值——应根据试验土壤选择正确的数值,如下。

*土壤容重(SBD):本例中各深度的土壤容重均假定为1.3。
† t_0 土壤含水量:本例中各深度均假定为113.5mm,但应该在每次灌溉后测量。
‡灌溉和抽样之间的天数:本例中为15。
§以 cm 计的土柱长度。

(2) 土壤根系计算

根系深度:根系能达到的最大深度。这是一个重要特征,因为它决定了植物可到达的土壤剖面。根系深度取决于品种、土壤类型和地下资源的可用性。典型的根系深度:春小麦为80~120cm,冬小麦为140~200cm。

根冠比($R:S$):与植物的地上和地下生物量有关。

根干重(RW):全部根系干重,反映了根系在土壤剖面的分布。观察到的总根干重以指数形式增加,直至开花期达到最大值,成熟期时由于上层根系干重有所降低而总根系干重下降。典型的春小麦总根系干重为 $75\sim110\text{g}\cdot\text{m}^{-2}$。

根重密度(RWD):反映单位土壤体积的根系干重及根系在土壤剖面的分布。典型春小麦的根重密度(RWD):在 0~30cm 土层为 $2000\text{g}\cdot\text{m}^{-3}$,在 30~60cm 土层为 $300\text{g}\cdot\text{m}^{-3}$,在 60~90cm 土层为 $100\text{g}\cdot\text{m}^{-3}$,在 90~120cm 土层为 $30\text{g}\cdot\text{m}^{-3}$。

$$\text{RWD}(\text{g}\cdot\text{m}^{-3}) = \text{RW}/\text{土壤体积} \tag{17.1}$$

根长密度(RLD):这是单位土壤体积(cm^3)的根长(RL;cm),反映了根系在土壤剖面的分布。它通常被用来描述根系质量和在土壤中吸收的能力。一般来讲,根长密度随土壤深度的增加呈指数降低,理论上,根长密度大于 $1\text{cm}\cdot\text{cm}^{-3}$ 就能够吸收土壤中所有可用的水分。

$$\text{RLD}(\text{cm}\cdot\text{cm}^{-3}) = \text{RL}/\text{土壤体积} \tag{17.2}$$

比根长(SRL):描述一定长度根系产出的经济性,与根系生物量投入的比值相关。理论上,在资源有限的环境条件下高 SRL 是有利的。典型春小麦的 SRL 值范围为 $100\sim200\text{m}\cdot\text{g}^{-1}$。

$$\text{SRL}(\text{m}\cdot\text{g}^{-1}) = \text{RL}/\text{RW} \tag{17.3}$$

(十一)故障排除

问题	解决方法
田间测量/土壤含水量	
作物生长期间需多次测量	增大预计要破坏性测量的试验小区面积,或用感应器[如时域反射计(TDR)、中子探测器、频域传感器、电容探针、地质雷达等]进行测定。然而,这些感应器仅限于少量小区,而且需要与土壤含水量进行校准,深度感应测量非常昂贵。见 Irrometer(2011)
取样时土壤紧实	可以用机油润滑机器帮助穿透土壤,但确保避免石油污染土壤(特别是测定土壤含水量时)
	如果操作员感到阻力太大,那么最好在小区中另选位置再次取样
读数不理想	如果采样和称重之间有水分损失,应确保袋子密封或用双袋装。
	当袋子里面有冷凝水时,应在打开袋子前彻底混合土壤,以免失去水分
	烘干温度不正确——使用一个温度计辅助检查烘箱温度。不要用太高的温度,也不要减少干燥时间,因为这可能会破坏一些土壤成分,使结果出现偏差
	干燥后发生了再次吸水——确保充分冷却后立即称量样品,不留再次吸水的时间
根系含量	
被田间前茬作物污染	从计划提取根系样品田间的不同深度,采集土壤样品。可以通过视觉观察取样土柱来解决这一问题
过筛时有很多土粘在根上	用手轻轻混合水、土壤和根,同时打碎所有土块。等待大约 10min,使土壤沉至托盘底部,然后轻轻倒出
快速根系分析	
切割土样非常困难	用锋利的工具来切土样(如铲、刀或吉他弦),如果有必要,抹油以避免切割后的两个部分粘在一起
土壤非常干燥,样品容易散落	切割时可能很困难,尤其是沙土
用扫描仪分析根系	
根在冰箱里变干	确保包装根系的纸张在处理期间保持湿润

参 考 文 献

Dreccer, MF., Borgognone, MG., Ogbonnaya, FC., Trethowan, RM. and Winter, B. (2007) CIMMYT-selected derived synthetic bread wheats for rainfed environments: Yield evaluation in Mexico and Australia. *Field Crops Research* 100, 218-228.

Irrometer (2011) *Soil moisture measurement*. Available at: http://www.irrometer.com/sensors.html/ (accessed 14 August 2011).

Lopes, MS. and Reynolds, MP. (2010) Partitioning of assimilates to deeper roots is associated with cooler canopies and increased yield under drought in wheat. *Functional Plant Biology* 37, 147–156.

延 伸 阅 读

Prior, SA., Runion, GB., Torbert, HA. and Erbach, DC. (2004) A hydraulic coring system for soil-root studies. *Agronomy Journal* 96, 1202–1205.

Reynolds, MP., Dreccer, F. and Trethowan, R. (2007) Drought-adaptive traits derived from wheat wild relatives and landraces. *Journal of Experimental Botany* 58, 177–186.

（王德梅 译）

第十八章　籽粒产量及其构成因素

Julian Pietragalla, Alistair Pask

籽粒产量（"产量"）是许多单个生理过程的终极表达，且与作物生长周期内的天气和环境有互作。准确测量产量对于证明生理特性与生产效率的关系是必需的。籽粒产量及其构成的测定包括：每平方米穗数（SNO；每平方米株数×每株有效分蘖数），每平方米粒数（GNO；每平方米穗数×穗粒数[每穗小穗数（SPS）×每小穗粒数]），千粒重（TGW；g），这些测定对所有的育种和生理学试验都是必需的。虽然通常测定的是被破坏的收获样本，但是也可进行田间评估，本章中将讨论这两种方法。

了解特定环境下小麦产量构成因素及产量的补偿策略是一个育种计划成功的关键。作物产量构成三因素是按顺序发展的：首先是穗数（SNO），其次是粒数（GNO），最后是千粒重（TGW）。籽粒的数量和潜在的质量决定了作物库的大小。一般来说，GNO 和 TGW 之间呈负相关（如 Slafer et al.，1996），因为潜在的籽粒都位于远端小花和/或粒重潜力较低的小穗。小麦具有通过产量因素的顺序发展相互补偿产量的能力，高产经常在截然相反的情况下实现。例如，如果单位面积的植株数量（m^{-2}）不足（如由于较弱的植株形态建成），那么增加可育分蘖存活数就可以保持合适的穗数（SNO）。

一、试验规划

（一）地点及环境条件

在大多数环境条件下都可以取样。但重要的是植物表面要干燥，没有被露水、灌溉及雨水打湿。

（二）时间

在一天的任何时候都可以取样。上午取样，由于穗子含水率略高可以减少籽粒损失。

（三）植物发育阶段

应在生理成熟后（GS87）尽快取样，这时茎秆/穗子具有较高的含水量，与成熟阶段（GS92）收获相比，将减少由于易碎和落粒造成生物量（如叶片）或籽粒的损失。

（四）每个小区样本量

可以收获较大面积（方法 A 和 B），也可选择一个较小的区域（≥$1m^2$；方法 C）。

(五) 步骤

测定建议

收获前去除边行和小区两头（50cm）部分（方法 A 和 B）。为了准确地反映单位面积（通常是 m^{-2}）上的数据，一定要准确测量收获面积（长和宽/计数收获的行数）。也可以标记收获区域（如使用有颜色的喷漆），便于收获后测量。

小心处理可育茎秆，避免因易碎损失籽粒和其他植物器官（尤其是叶片）。应该将整个样本放进袋子里，并将穗部朝下倒放进袋子里——以避免损失籽粒。

当切割生物量样品时，应该注意，尽可能接近地面，同时避免携带土壤和根。在干旱条件下，因为很容易连根拔起，可能很难切割；在这种情况下使用修剪工具更容易，确保在样品放入袋子前清除根系。

当进行详细的生理研究，测定生物量和养分含量时，往往需要把冠层分割为单个器官，如叶片（所有叶片/单个叶片）、叶鞘、茎（节间和穗下节），以及穗子，以便测量各器官的生物量和/或养分含量。分割通常需要基于样本>20个可育茎。当二次抽样/选择茎秆时，必须小心抽取以确保单茎的所有器官包括在内。注意，养分分析还需要单独考虑（见本书第十五章）。

将样品置于 60~75℃（特殊分析需要更低的温度）的烘箱中，烘至恒重（至少48h）。在缺乏高容量烘箱时，生物量、籽粒产量和收获指数（HI）也可以通过室外晒干获得。在这种情况下，应将收获的所有样品多放置几天，使其含水量与环境空气湿度一致，以减少收获日期不同造成的小区间的差异，然后称重。用烘箱烘干少量样品，确定整体含水量。

注意，为了保持萌发潜力，小麦种子的含水量必须低于12%，并放置在阴凉的房间。在温度>40℃条件下干燥种子和/或长时间干燥会降低种子的萌发能力。对于可能用于未来试验的种子，注意不要在高温下长时间干燥处理是非常重要的；在这种情况下，可以干燥处理一部分籽粒来确定含水量，进而计算总产量的干重。

(六) 田间测定

这里描述三种收获方法，具体选择哪一种方法取决于田间、机械和劳动力的可用性（表18.1；图18.1）。二次抽样（sub-sampling）和随机抽样（grab-sampling）这两种方法可以在实验室内完成处理和称重工作，准确性高。

携带下述设备到田间：
- 提前贴好标签的纸袋或纺织袋
- 样方卡（总样本面积≥$1m^2$）（仅方法 C）
- 小镰刀，大型刀（如面包刀）和/或树剪
- 田间用天平（根据需要）
- 小区联合收割机和脱粒机（方法 A 和 B）
- 田间记载表和纸夹板（根据需要）

表 18.1　估算试验小区产量、生物量及产量构成因素的三种收获方法需测量的样品

测量样品	缩写	方法 A	B	C
收获区域生物量鲜重	FW_HA	√		√
收获区域生物量二次抽样鲜重	FW_SS	√		√
收获区域籽粒鲜重	FW_HA_G*	√	√	
收获区域籽粒二次抽样鲜重	FW_HA_SS_G	√	√	
收获区域籽粒二次抽样干重	DW_HA_SS_G	√	√	
二次抽样/随机抽样的生物量干重比	DW_SS / DW_GB	√		√
二次抽样籽粒/随机抽样生物量的籽粒干重比	DW_SS_G / DW_GB_G	√		√
200 个籽粒的鲜重	FW_200_G	√	√	√
200 个籽粒的干重	DW_200_G	√	√	√

注：FW 为鲜重；DW 为干重；HA 为收获面积；SS 为二次抽样；GB 为随机抽样；G 为籽粒
*SS/GB 生物量的籽粒与收获区域籽粒的鲜重是分开的

图 18.1　产量和产量构成因素的收获（Pfeuffer GmbH，Kitzengen，Germany）
A. 小区联合收割机；B. 大型联合收割机；C. 小型固定脱粒机；D. 手工脱粒器具；
E. 清理籽粒的工具；F. 种子计数器

二、方法 A：全生物量收获

建议在数据精度要求高的试验时采用这种方法，该方法比方法 B 和 C 需要更多的田间劳作时间和劳动力。割掉收获区域的全部生物量，田间干燥和脱粒，以便于分别获得生物量和产量的鲜重（FW）。若需要计算生物量干重（DW）、单茎或单穗基础上的数据，应进行可育茎秆的二次抽样。要得到籽粒干重（DW）和千粒重（TGW）的数据，也应进行籽粒样品的二次抽样，并使之干燥，见图 18.2。

田间：

1. 仔细测量收获面积，不包括小区边行和两端。
2. 割取收获区域内的所有地上生物量，称重（FW_HA）。

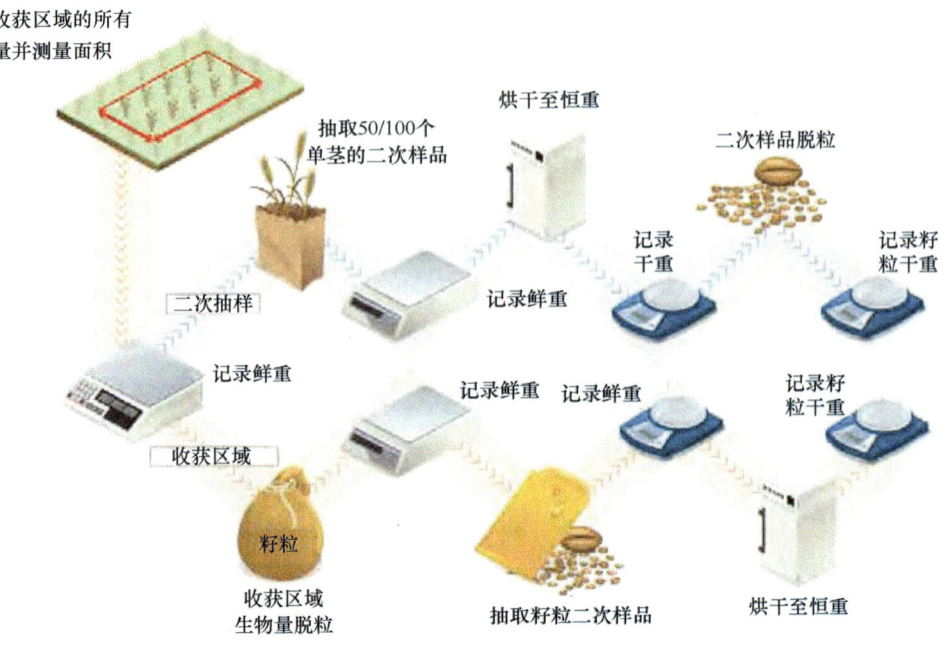

图 18.2 全生物量收获示意图

3. 抽取收获面积生物量的子样品（随机抽取有代表性的生物量样品，混合了所有类别的茎秆），计数可育茎的数量，子样品应包含 50 或 100 个可育茎，称重（FW_SS）。

4. 当所有收获的生物量样品干燥时脱粒（使用脱粒机，图 18.1），除去谷壳，称量籽粒（FW_HA_G）。记住，二次抽样生物量的籽粒是分开记录的。

5. 从收获区域的籽粒中进行二次抽样，并称重（约 50g），放入贴有标签的纸袋中（FW_HA_SS_G）。

实验室：

6. 干燥收获区域籽粒的子样品，并称重（DW_HA_SS_G）。

7. 干燥收获区域生物量子样品，并称重（DW_SS）。

8. 将收获生物量样品的子样品脱粒（可采用小型脱粒机或手工脱粒，图 18.1C~E），去除谷壳，称重籽粒（DW_SS_G）。

三、方法 B：二次抽样收获

当田间工作时间和/或劳动力有限时推荐使用这个方法，比方法 A 取样更快捷（通常，一个人不到 5min 即可完成一个小区），但需要应注意确保二次抽样具有代表性。

从即将收获的区域中随机取样，该子样品中应包含特定数量的可育茎。然后干燥、称重和脱粒，计算收获指数 HI，并得出基于单茎或穗子的数据。然后机器收割、脱粒，测量籽粒鲜重（FW）；抽取籽粒的子样品，干燥、称取籽粒干重（DW），测量千粒重（TGW）。分别测量产量和收获指数，通过产量与收获指数之比可计算获得总生物量干重。见图 18.3。

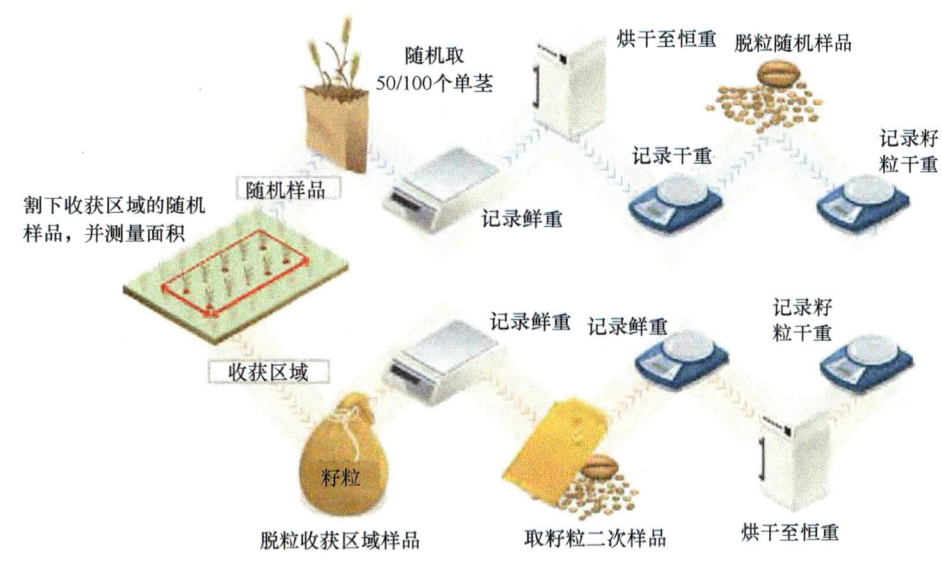

图 18.3 收获子样品示意图

田间：

1. 仔细测量收获面积，不包括小区边行和两端。

2. 从准备收获区域抽取生物量子样品（即随机抓取一把能代表该区域长势的茎秆，包括所有收获行及茎秆类别），计数可育茎秆数量，子样品包含 50 或 100 个可育茎秆。

3. 把总子样品放入贴有标签的纸袋或纺织袋中（确保不损失生物量）。

4. 将全部收获区域的样品干燥后脱粒（使用联合收割机；图 18.1A，图 18.1B），除去谷壳，称粒重（FW_HA_G）。记住，随机抽样的生物量籽粒是分开记录的。

5. 从收获的籽粒中二次抽样，并称重（约 50g），放入贴有标签的纸袋（FW_HA_SS_G）。

实验室：

6. 干燥收获区域二次抽样的籽粒，称重（DW_HA_SS_G）。

7. 干燥生物量的子样品，并称重（DW_GB）。

8. 将生物量二次抽样的样品干燥，去除谷壳，称粒重（DW_GB_G）。

四、方法 C：减少脱粒的收获

在没有大型脱粒机，或当需要处理的材料是难以脱粒的品种（如小麦野生近缘种或合成小麦材料）时，建议使用该方法，只需脱粒二次抽样的样品。与方法 A 和 B 相比，该方法采样和处理都更快捷，但需要注意确保取样具有代表性。收获面积较小，通常面积≥1m^2，可使用方形样方卡，或者选择特定的行数和行长。

从小区中取一个样本，从中取一定数量的可育茎秆作为子样品，干燥后计算生物量，并得到基于单茎和单穗的数据。将子样品脱粒并称粒重，计算收获指数（HI），测量千粒重。小区产量可通过生物量×HI 计算获得。见图 18.4。

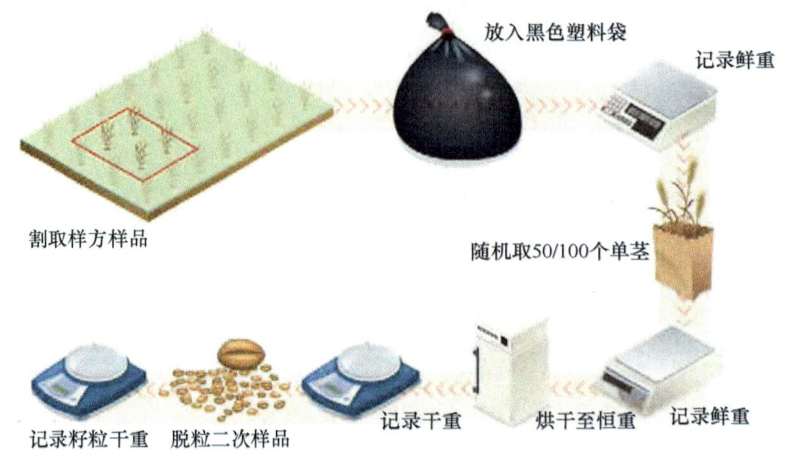

图 18.4 减少收获脱粒的示意图

田间：
1. 仔细选择和量取一个有代表性的收获区域（面积≥1m^2），避免小区边行和两端。
2. 割掉确定区域内的所有地上生物量，称重（FW_HA）。
3. 把所收获的样品放入一个贴有标签的纸袋或纺织袋中（确保不损失生物量）。

实验室：
4. 从收获的样品里随机选择有代表性的子样品，使之能代表所有类别的茎秆，并计数可育茎数，子样品中包含 50 或 100 个可育茎，称重（FW_SS）。
5. 干燥所取的子样品，称重（DW_SS）。
6. 将子样品脱粒，去壳，称量粒重（DW_SS_G）。

计算产量、生物量和收获指数的例子

假设：茎秆密度= 300m^{-2}；单茎鲜重= 5.0g；HI = 0.40；生物量/籽粒含水量= 5.0%。
在这个例子中，每个小区包含两垄，每垄有两行；小区周围有保护行。小区长 5.0m，宽 1.6m。
在小区两端各去除 0.5m，收获总长度 4.0m。
收获面积：

$$\text{方法 A 和 B} = 4.0 \times 1.6 = 6.4 m^2$$

$$\text{方法 C} = 1.0 m^2$$

表 18.2 和表 18.3 分别列出了相关的计算公式和方法。

表 18.2 三种收获方法计算产量、生物量和收获指数的公式

方法	A. 全生物量收获	B. 二次抽样收获	C. 减少脱粒的收获
籽粒产量（g·m^{-2}）	[FW_HA_G×（DW_HA_SS_G/FW_HA_SS_G）+DW_SS_G]/HA	[FW_HA_G×（DW_HA_SS_G/FW_HA_SS_G）+ DW_GB_G]/HA	生物产量×HI
生物量（g·m^{-2}）	FW_HA ×（DW_SS / FW_SS）/ HA	籽粒产量/HI	FW_HA ×（DW_SS / FW_SS）/ HA
收获指数	产量/生物产量	DW_GB_G / DW_GB	DW_SS_G / DW_SS

注：FW 为鲜重；DW 为干重；SS 为二次抽样；GB 为随机抽样；G 为籽粒；HA 为收获面积（m^{-2}）。公式假定谷物含水量为 0%

表 18.3 三种收获方法的籽粒产量、生物量和收获指数的示例数据

方法	A. 全生物量收获	B. 二次抽样收获	C. 减少脱粒的收获
FW_HA（g）	9600		1500
FW_SS（g）	500.0		500.0
FW_HA_G*（g）	3640	3640	
FW_HA_SS_G/ FW_HA_GB_G（g）	50.00	50.00	
DW_HA_SS_G/ DW_HA_GB_G（g）	47.50	47.50	
DW_SS / DW_GB（g）	475.0	475.0	475.0
DW_SS_G / DW_GB_G（g）	190.0	190.0	190.0
产量（g·m^{-2}）	[3640×(47.50 / 50.00)+ 190.0] / 6.4= 570		1425 × 0.40 = 570
生物量（g·m^{-2}）	9600×(475.0 / 500.0)/ 6.4 = 1425	570 / 0.40 = 1425	1500×(475.0 / 500.0)/ 1 = 1425
收获指数	570 / 1425 = 0.40	190.0 / 475.0 = 0.40	190.0 / 475.0 = 0.40

注：FW 为鲜重；DW 为干重；HA 为收获面积；SS 为二次抽样；GB 为随机抽样；G 为籽粒。该例中的子样品有 100 个可育茎秆。公式假定谷物水分为 0%。x% 含水量的籽粒产量（g·m^{-2}）=籽粒产量×（100/100 − x）。
*生物量 SS/GB 样品的籽粒是从收获区域的籽粒鲜重样品中分出来的

五、测定产量构成因素

单个的产量构成因素可以在收获前直接测量（如每穗小穗数），也可从收获样本中得到（如 TGW），或从三种收获方法的产量、生物量和/或 HI 数据中计算得到（如每平方米粒数，总结在表 18.4）。

表 18.4 三种不同收获方法产量构成因素的计算公式

产量构成因素	公式
千粒重（TGW；g）	DW_200_G × 5
每平方米粒数（GNO）	产量（g·m^{-2}）/TGW × 1000
可育茎 DW（g）	DW_SS/可育茎数
每平方米穗数（SNO）	生物量（g·m^{-2}）/DW_可育茎（g）
穗粒数（GSP）	每平方米粒数/每平方米穗数

注：DW 为干重；SS 为子样品；G 为籽粒

（一）收获前的测量

1. 每平方米株数的测定

每平方米植株数量的测定应在植株最大数量已经出现和分蘖之前（通常出苗后 5 天）进行。每平方米株数可能偶尔会随季节减少（如冻害致死），这种情况下，应该在 GS31 再次计数。每平方米株数通常为 50~300。因品种、试验条件和环境的不同，株数变化范围很大。

田间：
1. 在每个小区中随机选择两个有代表性的区域。
2. 在每个区域放置一个 0.25m^2 的样方卡，计数样方卡内植株的数量。

2. 每平方米穗数的测定

每平方米穗数（即每平方米可育茎数）是由播种至开花期间的生长状况决定的，依赖于品种类型、管理和环境。与每平方米植株数结合可以用来评估每株的有效分蘖数（通常为 1~10）。

每平方米穗数可以很容易且无损地在籽粒灌浆期间测量（即生理成熟之前），可以减少在小区内移动造成的产量损失。最佳条件下，每平方米 200~500 个穗子可以实现最高产量。

田间：
1. 在每个小区中随机选择 4 个有代表性的区域。
2. 在每个区域中放置一个 $0.10m^2$ 的样方卡，计数样方卡内的有效穗数。

参见下面收获数据测量计算。

3. 每穗小穗数的确定

每穗总小穗数和可孕小穗数（含有籽粒的小穗）的数量应在籽粒灌浆末期测定，但须在生理成熟期之前（避免因运动造成损失）完成。每穗总小穗数是高度遗传的，环境之间变异很小；但环境显著影响可孕小穗数，尤其穗子顶部和基部的小穗。通常每穗的总小穗数为 10~25；在最佳条件下，>90%的小穗都可育，但在胁迫条件下（如干旱、高温等），可能仅有<50%的小穗可育。植物通过降低可育小穗的数量（以确保至少可得到一些籽粒）作为逃避逆境的一种机制。然而当胁迫条件改善时，这种穗子育性的降低不可逆转，植株无法恢复已经失去的育性。

田间：
1. 根据单茎长势，每个小区随机抽样 6~10 个穗子（每个处理 20~30 穗）。
2. 计数每个穗子的总小穗数（从基部到顶部成对数）。
3. 计数每个穗子的不孕小穗数（即无籽粒的小穗）。

（二）收获样品的测量

1. 千粒重（TGW）的测定

千粒重值通常为 20~50g（即每粒 20~50mg），往往是品种的特征，即使在良好的条件下，品种之间也有很大差异。TGW 的降低可能是由于天气（如灌浆期间高温）或灌浆期间的生物逆境（如病害）所致，或由于产量构成因子的可塑性引起的田间效应（如植株密度高），反之亦然。

实验室：
1. 随机抽取完整的籽粒样本——仔细清除所有破碎和无胚的籽粒和谷壳，但不要丢弃小的籽粒。
2. 手动或用种子计数器计数粒数（图 18.1F）。
3. 或者数 200 粒，重新干燥、称重（DW_200_G）：

$$TGW = DW\_200\_G \times 5 \quad (18.1)$$

或，重新干燥，称 10g，并数粒数（DW10g_#grains）：

$$TGW = (10/DW10g\_\#grains) \times 1000 \quad (18.2)$$

在所有情况下,每个小区应取两个样品。如果数值相差超过 10%,应取第三个样品。

(三)收获数据的计算

1. 用于计算总干重的生物量和籽粒的含水量测定

灌浆中期绿色组织生物样本含水量(MC)通常为 70%~80%,在收获期下降至 20% 以下。籽粒含水量的减少首先出现在干物质填充阶段(由 70%降至 45%;GS73~GS77), 当含水量低于 45%时籽粒停止积累干物质,之后继续失水,至生理成熟期仅为 20%。籽粒含水量在收获时通常为 5%~15%,这取决于环境。

田间和实验室:

① 二次抽样,并称重(FW_SS)。

② 干燥样品,并称重(DW_SS)。

$$MC(\%) = (FW\_SS - DW\_SS) / (FW\_SS) \times 100 \quad (18.3)$$

例如,以收获面积生物量的鲜重计算干重:

$$DW\_HA = (100 - \%MC) \times FW\_HA \quad (18.4)$$

2. 每个可育茎产量和生物量的表示

详细的生理研究经常用单茎的数据表示。为计算单茎的值,随机选择能代表所有可育茎类别的子样品是很重要的,应仔细清点可育茎/穗的数量。另外,收获之前调查的可育茎数也可用于数据统计。

例如,单茎生物量干重的计算:

$$DW\_可育茎(g) = DW\_SS /可育茎数 \quad (18.5)$$

3. 谷壳干重的测定

典型的无芒谷壳干重值约为每穗 0.5g,有芒时干重增加 20%左右。谷壳干重在产量潜力研究中非常重要,它关系到作物结实的潜在能力。另一种方法是使用开花期穗干重作为成熟期谷壳干重的近似值。

实验室:

① 沿穗基部剪掉穗子,并计数和称重(DW_SS_S)。

② 脱粒并称粒重(DW_SS_G)。

$$DW\_谷壳(g \cdot 穗^{-1}) = (DW\_SS\_S - DW\_SS\_G)/穗数 \quad (18.6)$$

4. 每平方米粒数的测定

每平方米粒数是管理和气候对花后每平方米株数、穗数、每穗小穗数和每小穗粒数影响的综合表现。每平方米粒数决定了库的大小,在许多条件下它与作物产量显著相关。在最佳条件下,最大产量潜力的粒数为 15 000 ~ 25 000 粒·m^{-2}。

$$每平方米粒数(GNO) = 产量(g \cdot m^{-2}) / TGW(g) \times 1000 \quad (18.7)$$

5. 每平方米穗数的测定

每平方米穗数(如上所述)可以通过测量的数据计算得出。

$$\text{每平方米穗数(SNO)} = \text{生物量}(g \cdot m^{-2}) / DW\_\text{可育茎}(g) \qquad (18.8)$$

6. 每穗粒数的测定

穗子的育性是每穗小穗和小花育性的综合表现。在胁迫环境下（高温和干旱）穗粒数通常为 10~40，在有利条件下为 40~100。品种、条件和环境间有较大差异。

$$\text{穗粒数(GSP)} = \text{每平方米粒数/每平方米穗数} \qquad (18.9)$$

或者，通过将每个小区一定数量随机选择的穗子脱粒独立测量，得到穗粒数（每个小区至少 20 穗，每个处理 60~100 穗）。

（四）故障排除

问题	解决方法
收获期间因落粒造成损失	在籽粒生理成熟后和/或在早上尽快取样
联合收割机或小区脱粒机清除谷壳时损失籽粒	调整脱粒机的风力
联合收割机或脱粒机清除谷壳时损失未脱粒的穗子	更彻底地干燥以减少水分含量，干穗更容易脱粒（也可在籽粒成熟期选择干燥的一天和/或下午收获） 调整脱粒机的转子和/或气流的速度

参 考 文 献

Slafer, GA., Calderini, DF. and Miralles, DJ. (1996) Generation of yield components and compensation in wheat: Opportunities for further increasing yield potential. In: Reynolds, MP., Rajaram, S. and McNab, A. (Eds.) Increasing Yield Potential in Wheat: Breaking the Barriers, pp. 101–133. CIMMYT International Symposium. Mexico D.F.: CIMMYT.

延 伸 阅 读

Slafer, GA. (2003) Genetic basis of yield as viewed from a crop physiologist's perspective. *Annals of Applied Biology* 142, 117–128.

Dolferus, R., Ji, X. and Richards, RA. (2011) Abiotic stress and control of grain number in cereals. *Plant Science* 181(4), 331-341.

（王德梅 译）

第五篇

作物观测

第十九章 作物形态特征

Araceli Torres, Julian Pietragalla

作物形态特征能够快速、简便和无损地在田间进行观察或测量，从而得到与产量、产量潜力和抗逆性相关的数量性状数据。所有性状都高度遗传，通常在环境互作效应低时表现出大的遗传变异。测量的性状包括：旗叶长度和宽度，穗下节和芒长，株高和茎秆硬度等。光截获表面和冠层结构提供了冠层中光线分布、光透性、光利用效率和光合作用潜力等相关信息。株高和茎秆硬度都与收获指数和倒伏风险，以及植株储存容量有关。而且这些性状有利于育种家对大群体进行快速筛选。下面将详细地介绍各个性状。

容易观察的性状包括：叶片和/或穗的绒毛（有绒毛）、叶片和/或穗的蜡质（有蜡质）、卷叶、叶片角度、叶片方向及叶片姿态等。这些性状通过提供光保护和减少冠层水分蒸发，有利于植株在热和/或水分胁迫环境下保持优势。这些性状既可以通过增加入射辐射的反射率（软毛和蜡质），也可以通过减少外露叶片的面积（叶片的卷曲、角度、向性和姿态），从而降低冠层上的热效应。绒毛也吸附了叶片周围的空气边界层，而卷叶将空气吸附在叶片内，都起到了减少冠层中水分蒸发的作用。叶片的角度、向性和姿态通过影响冠层中光的透性，使高产环境中的光能利用达到最优化。然而，由于光合组织截获光线减少，某些冠层性状可能不是有利于高产的理想性状，如卷叶片总是与产量潜力降低的条件相关。

（一）地点及环境条件

在任何环境条件下都可以进行测量。但是，当植物表面干燥，没有被露水、灌溉及雨水打湿时更容易观察。

（二）时间

一天中的任何时间都可以观测。一天两次观测卷叶：早晨（10:00 以前；植物处于低胁迫中）和下午（13:00~16:00；植物处于高胁迫中）。

（三）植物发育阶段

在适宜条件下，籽粒灌浆早期就应该进行测量。从开花中期到灌浆中期都应进行观察。在严重胁迫条件下，植株衰老加速，测量和观察都应该提前。

（四）每个小区样本量

对于精确统计表型，需要记录不同时期 10 个植株或茎秆的测量值或观测值（每个处理30次）；或者进行快速筛选而获取三个测量值或观测值，并记录这三个值或中值，或者该时期的综合观测值。

（五）步骤

携带下述设备到田间：
- 尺子
- 田间记载表和纸夹板

测量和观测建议

在主茎上完成所有的测量和观察。主茎应该清洁、干燥、完好、未失绿，且没有病害和机械损伤（注：衰老会引起组织的一部分收缩）。生物样品的测量大部分也是在实验室完成的。

测量时，随机选取主茎，从主茎的基部选择（避免偏差）。观测时，在小区边以45°角进行综合观测，但需要对个别茎秆的叶片、茎和穗进行仔细观察。每周最好观测两次。

虽然观测受主观影响，但重要的是评价的标准保持一致。
- 务必使新观测者的评价标准与熟练观测者的标准一致。
- 如果团队中的几个人都进行观测，建议在开始前和结束后，统一所有观测者的评价标准。
- 在一个人单独观测时务必进行重复观测。

（六）性状测量

1. 旗叶的长度和宽度

旗叶（顶叶）是从孕穗中期直到籽粒灌浆末期的主要光合部位。旗叶面积可能达到植物光截获表面的75%，在灌浆期是持续时间最长、同化产物贡献最多的器官。因此，旗叶与粒重和总产量的潜力相关。旗叶的长度和宽度受遗传控制，且与叶表面积密切相关。旗叶长度一般为100~300mm，宽度为10~25mm（图19.1B）。

测量：
- 从基部到顶部测量旗叶长度，记录时保留到毫米。
- 在旗叶最宽部分测量宽度，记录时保留到毫米。
- 应该在孕穗中期后，旗叶完全展开时进行测量。

2. 穗下节长度

穗下节（茎秆最上部的节间）包括下部包裹部分（为旗叶叶鞘包围）和上部露出部分。穗下节可能占到整个株高的一半，是大量水溶性碳水化合物和营养存储转移到籽粒的一个场所。在灌浆期，穗下节的上部也截获大量光能并合成光合产物。穗下节较长更易于机械收获，但也可能增加倒伏风险并减少收获指数。穗下节长度一般为25~60cm（图19.1A）。

图 19.1　作物形态指标测量
A. 穗下节长度；B. 旗叶长度；C. 芒长；D. 株高

测量：
- 从茎秆的最上一个节到穗基部，记录时保留到厘米。
- 注意：穗下节伸长会持续到开花末期。

3. 芒长

麦芒是小麦外稃细长的延伸。它是穗部的重要光合产物合成器官和蒸腾器官，也为籽粒提供一些保护作用。芒增加了穗的总表面积，位于具有高曝光量的冠层结构的顶部。芒对穗的光合作用有显著影响，可持续到灌浆后期，并有高水分利用效率。一般长度为 0~75mm（图 19.1C）。

测量：
- 测量时从穗的顶部到最长芒的顶部，记录时保留到毫米。
- 芒色记录由绿到棕，芒数记录为 0~10。

4. 株高

株高一般为 70~120cm，目前 CIMMYT 的优异材料为 80~100cm，但某些矮秆材料低于 50cm。株高受遗传因素影响较大，尤其是矮秆基因 Rht（矮化基因），而且遗传性很强。株高与穗下节长度、有机物存储和收获指数有关。尽管高秆可能增加倒伏风险并减少收获指数，但更易于机械收割；而矮秆可能减少有机物存储容量并且使机械收割变得困难。株高一般分为小于 50cm（极矮秆），50~70cm（矮秆），70~120cm（半矮秆），大于 120cm（高秆）（图 19.1D）。

测量：
- 测量单个茎秆长度是从土壤表面到穗的顶部，记录时保留到厘米。
- 测量时不包括芒长。
- 务必将标尺平坦地放在土壤表面，避免放在土堆上或裂缝中。

5. 茎秆硬度

大多数小麦品种是空心茎秆（无髓），也有某些品种的茎秆部分或者全部充满了髓（髓由未分化的薄壁细胞组成）。这些髓已被证明是存储可溶性有机物的场所，是茎秆为籽粒灌浆而保存的（见本书第十六章）。茎秆硬度与麦秆蝇（*Cephus cinctus* Norton）抗性有关（Eckroth and McNeal，1953）。茎秆硬度在表达水平上是高度遗传的，但是受环境影响，在拔节期时植株若遭受高温或者干旱，茎秆将变得更坚硬（图19.2，图19.3）。

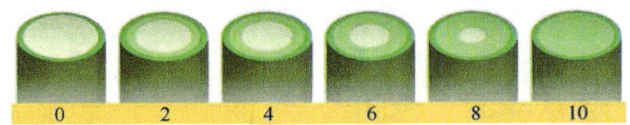

图19.2　茎秆硬度分级，从空心（0）到实心（10）

在图中，深绿色表示茎秆壁，淡绿色表示髓

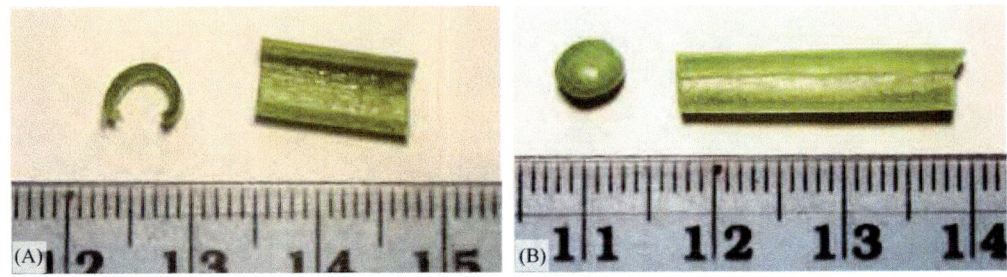

图19.3　茎秆硬度样本

A. 空心（0分）；B. 厚髓（8分）

测量：
- 开花后7~14天进行测量。
- 测量节间的中点（研究物质转运时测量上部节间，研究倒伏或麦秆蝇抗性时测量下部节间）。
- 原则上用0（空心）~10（实心）的分级范围来评价茎秆硬度（图19.2）。
- 也可以计算具体的茎秆质量（单位长度的干重）。

（七）性状观察

1. 叶片和穗部的蜡质

蜡质是植株表面的一层浅灰或白色的成分（尽管也有透明蜡质，但肉眼无法识别）。表层蜡质很容易被手指擦掉，可以据此评估蜡质覆盖的数量和厚度。通常，蜡质是有序形成的：①对于旗叶和叶鞘，蜡质首先在叶鞘上出现，然后是叶片的外轴面，最后是叶片的内轴面；②对于穗下节和穗部，蜡质首先在穗下节出现，然后从穗基部向上逐渐出现（图19.4，图19.5）。

记录：

i. 观测旗叶叶鞘、叶片的外轴面和内轴面的蜡质。

原则上用0（无）~10（全覆盖）的分级范围来评价蜡质比率（图19.6）。

ii. 观测穗下节和/或穗部的蜡质。

用0（无）~10（全覆盖）的分级范围来评价蜡质比率。

图 19.4 有蜡质和无蜡质基因型
A. 旗叶、穗下节和穗部蜡质；B. 无蜡质植株的穗下节和穗部；C. 田间有蜡质和无蜡质基因型

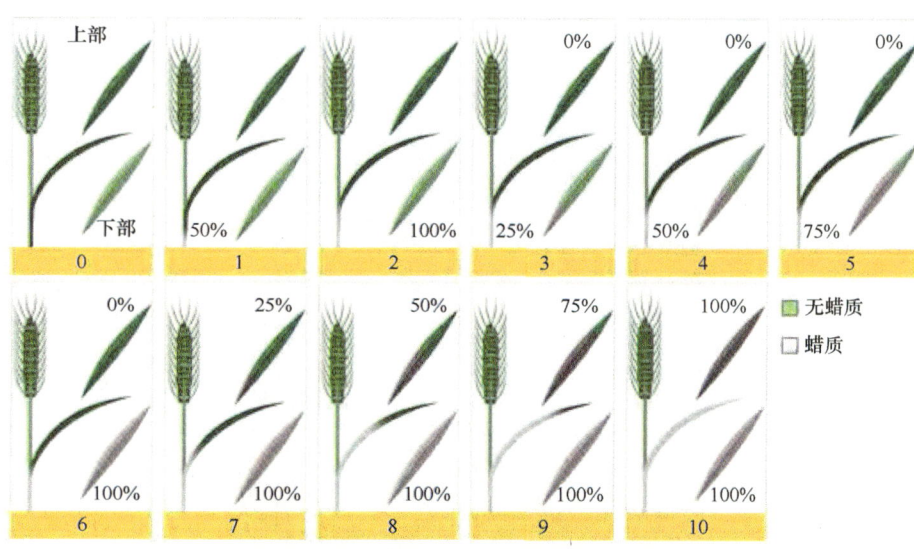

图 19.5 旗叶和叶鞘蜡质分级（表示蜡质大约覆盖的比例）

图 19.6 穗部颖壳上的绒毛（8 级）

2. 叶片和穗部绒毛

绒毛是植株表面的银色软毛，长度一般不超过 1mm。绒毛的密度和位置各有不同。除了视觉评价外，通过触觉也可以感知叶片或穗部的绒毛数量。沿着植株器官，通过手指的滑动：逆方向会感觉到绒毛器官较多的"阻力"，顺方向会感觉绒毛器官很"柔和"（图 19.6）。

记录：

i. 观测旗叶叶片的内轴面（上部）和/或外轴面（下部）的绒毛。
ii. 观测穗部颖壳和穗轴上的绒毛。

用 0（无毛）、5（少毛）和 10（多毛）来分级评价绒毛比例。

3. 卷叶

卷叶多出现于旗叶，但是冠层下部叶片也会出现。叶片卷曲是减少冠层光截获的一种机制和/或植株对水分胁迫的一种应急响应。叶片通常从叶尖开始卷曲。在籽粒灌浆期，适应极端干旱和/或热胁迫后进行测量（图 19.7）。

图 19.7　紧紧卷曲的旗叶（为 3 级）

记录：

- 叶片卷曲应进行两次观察（因为性状表达对环境条件敏感）。
- 当天观测两次：早晨（10：00 以前）和下午（13：00~16：00）（取决于胁迫程度，不同基因型在早晨或下午的评分级别不同）。
- 建议观测最新的完全展开叶片或旗叶，或者全绿叶片。

i. 评估小区内卷曲叶片的比例，范围为 0（0%）~10（100%），级别按 10% 递增。
ii. 用 0~3 的分级评估卷叶（表 19.1）。

估算最新完全展开叶的卷曲程度（%）：

$$卷叶（\%）=（1-卷叶宽度/非卷叶宽度）\times 100 \qquad (19.1)$$

表 19.1　叶片卷曲范围

级别	卷曲程度	卷叶比例
0	无	无
1	叶片从尖部松散地卷曲	<33%
2	叶片中等卷曲	34%~66%
3	叶片紧紧卷曲	>67%

4. 叶片的夹角和向性

叶片夹角由叶片与垂直轴构成（而不是茎秆），最明显的是旗叶。叶片夹角能导致形成"开放冠层"（对于直立或下垂的叶片，光穿透到下部叶片）或者"封闭冠层"（对于水平叶片或中部打弯的直立叶片，上部叶片捕获大部分入射光）。冠层"封闭"的程度有时应分级记录（图 19.8，图 19.9）。

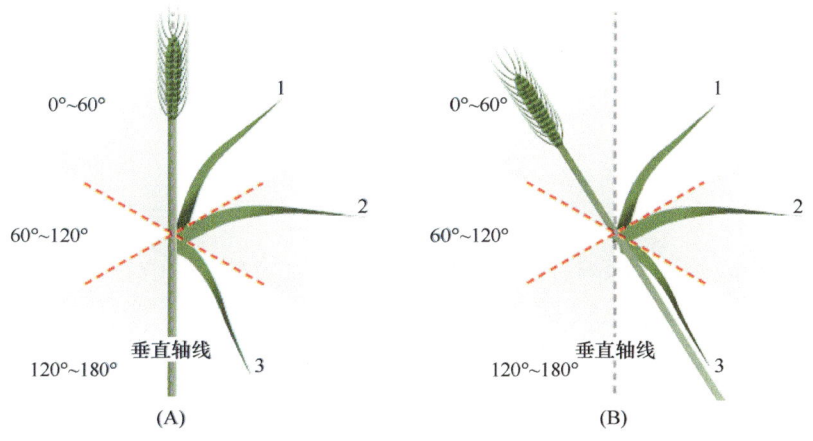

图 19.8　叶片夹角分级时应测量叶片与垂直轴线的夹角
A. 与垂直轴线的相对夹角；B. 并非与茎秆轴线的夹角

图 19.9　旗叶夹角分级
A. 1 代表直立叶片（0°~60°）；B. 2 代表水平叶片（60°~120°）；C. 3 代表下垂叶片（120°~180°）

记录：
- 在抽穗和灌浆早期记录旗叶夹角。

- 将垂直面分成大约 60° 的三个区间进行分级。
- 记录叶片夹角级别时，直立叶片（0°~60°）记为 1 级，中等或水平叶片（60°~120°）记为 2 级，而下垂叶片（120°~180°）记为 3 级（图 19.8）。

（八）故障排除

问题	解决方法
小区内形态特征发生大量变异	检查种子来源，如确认种子没有混杂其他基因型 确定每个小区播种和田间管理按同样步骤进行（如整行的播种深度）
小区内数据发生大量变异	在小区中观察更大的面积，或者每个小区取更多的样品 将每个小区分成若干组（确保在田间记载表上做出注释，如矮秆/高秆的数值）

参考文献

Eckroth EG. and McNeal FH. (1953) Association of plant characters in spring wheat with resistance to the wheat stem sawfly. *Agronomy Journal* 45, 400–404.

延伸阅读

Duncan, WG. (1971) Leaf angles, leaf area, and canopy photosynthesis. *Crop Science* 11, 482–485.

Holmes, MG. and Keiller, DR. (2002) Effects of pubescence and waxes on the reflectance of leaves in the ultraviolet and photosynthetic wavebands: a comparison of a range of species. *Plant, Cell & Environment* 25, 85–93.

Innes, P. and Blackwell, RD. (1983) Some effects of leaf posture on the yield and water economy of winter wheat. *The Journal of Agricultural Science* 101, 367–376.

Izanloo, A., Condon, AG., Langridge, P., Tester, M. and Schnurbusch, T. (2008) Different mechanisms of adaptation to cyclic water stress in two South Australian bread wheat cultivars. *Journal of Experimental Botany* 59, 3327–3346.

Kadioglu, A. and Terzi, R. (2007) A dehydration avoidance mechanism: Leaf rolling. *The Botanical Review* 73, 290–302.

Maes, B., Trethowan, RM., Reynolds, MP., Ginkel, MV. and Skovmand, B. (2001) The influence of glume pubescence on spikelet temperature of wheat under freezing conditions. *Australian Journal of Plant Physiology* 28, 141–148.

Richards, RA., Rawson, HM. and Johnson, DA. (1986) Glaucousness in wheat: Its development and effect on water-use efficiency, gas exchange and photosynthetic tissue temperatures. *Functional Plant Biology* 13, 465–473.

Saint Pierre, C., Trethowan, R. and Reynolds, MP. (2010) Stem solidness and its relationship to water-soluble carbohydrates: association with wheat yield under water deficit. *Functional Plant Biology* 37, 166–174.

（任　勇　译）

第二十章 季节性损害的观测

Alistair Pask, Julian Pietragalla

作物的季节性损害可能是受不利天气、环境条件、虫害或病害影响的结果。在每一种情况下，坚持简要记录其对作物的损害对于解释数据潜在的混杂效果有很重要的帮助。对产量是否产生负面影响取决于事件发生的时间和/或受影响的器官，如穗部受到影响通常会造成大幅度减产。例如，灾害性和/或不平常的天气可能造成植物损伤：对于春小麦，早期霜冻可能只是损伤下部叶片，对产量的影响很小；而在拔节期和开花期的晚霜冻可能影响穗子-小花（引起不孕）或是籽粒（引起干瘪），造成减产。

下面讨论三种典型的季节性损害。①穗尖枯萎是穗部上半部早衰的表现，一般发生在胁迫环境下或是不利天气条件之后（如霜冻），出现在穗部露出时。通过减少粒数进而降低灌浆期穗部的需求是作物在干旱环境下逃避机制的一个共同特点。可是，一旦干旱结束，永久的穗尖枯萎将会导致产量潜力降低。②倒伏是永久地将植物茎秆从垂直方向位移，导致茎秆倾斜或平躺在地面。通常，强风和/或大水（降雨或灌溉）导致土壤水分过多，伴随着细高的茎秆，以及弱化植物基部的根腐和茎腐病都是造成倒伏的原因。倒伏是一种不利的性状，通常出现在高产或有利于高产条件下的灌浆后期。③营养器官损伤是不利天气条件、虫害或病害引起的，在作物生长周期内可能损伤植株所有的地上部分。记载绿色或死亡冠层的比例（如真菌病害或虫害），或被损害穗子的比例（如鸟害或鼠害）是非常重要的。最突出的病害可能是锈病（这是一个大课题，其他地方有更加综合的讨论，如 Roelfs et al., 1992）。

（一）地点及环境条件

可在任何环境条件下进行测量。

（二）时间

可在一天中的任何时间进行测量。

（三）植物发育阶段

当损害发生后，应尽快完成观测。

（四）每个小区样本量

每个小区观测和/或评估 10 个单株/茎秆（每个处理观察 30 个个体）。

（五）步骤

携带下述设备到田间：
- 穗尖枯萎范围，叶片衰老（图12.2）和/或病害评分标准
- 照相机（如需要）
- 田间记载表和纸夹板

（六）测定建议

进行两次评估，由于损伤会随时间而变得更加显著（表现为受损组织的死亡或变成褐色）。建议损伤后立即评估一次，7~10天后进行第二次评估。

不同情况下，记录受损区域的比例和每个区域的损伤严重度。记录日期、开花期、作物发育阶段和损伤的可能因素。

沿着小区的45°角进行综合观测，但某些个体茎秆需要近距离观察。

由于观测是主观性的，保持评价标准的一致性非常重要：
- 务必使新观测者的标准与有经验的观测者一致，以便评估值标准化。
- 如果团队中的几个人都进行观测，建议在观测开始之前和观测过程中，统一所有观测者的评价标准。
- 同一个人观测一次重复。
- 用照片记录损伤，有助于以后作为参考和标准。

（七）试验测定

1. 穗尖枯萎

穗尖枯萎是一种麦穗的早衰表现，是由小穗不育引起的，表现为顶端干枯或微黄色。这种影响一般开始于顶部，然后向穗子的基部蔓延（图20.1）。

图20.1 穗尖枯萎的原因

A. 干旱（4级，穗部的40%受损）；B. 霜冻（1级，穗部的10%受损），在发生霜冻3天后会褪为白色（"失绿"）

记录：
- 在受胁迫影响下的灌浆中期进行观测，或是发生异常变化（霜冻）后的几天内进行观测。
i. 评价小区内穗尖枯萎麦穗的比例，以 0（0%）~10（100%）为评价等级，按 10% 递增。
ii. 评价每个麦穗受影响的比例，以 0（0%）~10（100%）为评价等级，按 10% 递增（图 20.2）。

图 20.2　穗尖枯萎等级

2. 倒伏

倒伏分为两类：①茎倒伏——根牢牢固定在土壤中，但风力造成茎秆的下部节间出现弯折；②根倒伏——由于土壤松散和/或根系发育不良，根的锚固力量减弱，在根系和土壤的接触部位发生倒伏。倒伏最可能出现在开花之后，原因是穗部质量增加。倒伏通常会降低作物产量（作物开花后倒伏，每天会减少 1% 的产量）（图 20.3）。

图 20.3　麦类作物倒伏（照片引自：Pete Berry，ADAS Ltd.，U.K.）
A. 灌浆期的倒伏作物；B. 茎倒伏；C. 根倒伏

记录：
- 倒伏发生后应尽快进行观测（因为作物的角度将随时间变化）。
- 继续重新评估倒伏的作物（7~10 天一次），因为倒伏后更容易感病。

- 记录倒伏类型（如茎倒或根倒）。
i. 评价小区内的茎秆倒伏比例，以 0（0%）~10（100%）为评价等级，按 10% 递增。
ii. 评价茎秆与垂直方向上的平均角度。以 0（未倒伏），1（茎秆与垂直方向夹角为 45°），2（茎秆与垂直方向夹角为 45°~90°）来表示。

计算倒伏值（LS）：

$$\text{倒伏值} = \text{受影响小区的倒伏比例} \times \text{倒伏角度} \tag{20.1}$$

例如，小区的倒伏比例为 50%，倒伏角度为 30°。

$$LS = 0.50 \times 30$$
$$LS = 15$$

3. 营养器官损伤

不利的天气条件（如霜冻），或虫害和/或病害会引起植物营养生长器官的损害。营养生长受损可能影响生理过程（如光截获），从而减缓生长，减少生物量和最终产量；而对穗部的影响，一般会引起大幅度减产。记载受影响的植物器官、损失的范围和受损的可能因素是非常重要的（图 20.4）。

图 20.4　麦类作物的营养器官受损
A. 霜冻引起的叶片失绿外观；B. 叶片和叶鞘受到锈病侵害；C. 灌浆早期受到鸟类破坏

记录：
- 损害发生后应尽快进行观测，7~10 天后再重复观测一次（因为损害的影响会随时间变得明显）。
i. 评价受损小区的茎秆比例，以 0（0%）~10（100%）为评价等级，按 10% 递增。
ii. 评价每个植物器官或整个茎秆受损的比例，以 0（0%）~10（100%）为评价等级，按 10% 递增（图 12.3，图 20.2，图 20.5）。

（八）故障排除

问题	解决方法
作物未表现出霜冻影响	需要几天时间，霜冻的真实影响才能表现出来。当受损组织开始死亡和变成褐色后一周进行第二次观测
穗尖枯萎逐渐加重（受影响穗子的数量和/或影响的严重度）	一旦损害变得明显，考虑到任何使作物恶化的条件，进行重复评估非常重要（固定天数或是某一发育阶段，如抽穗期）

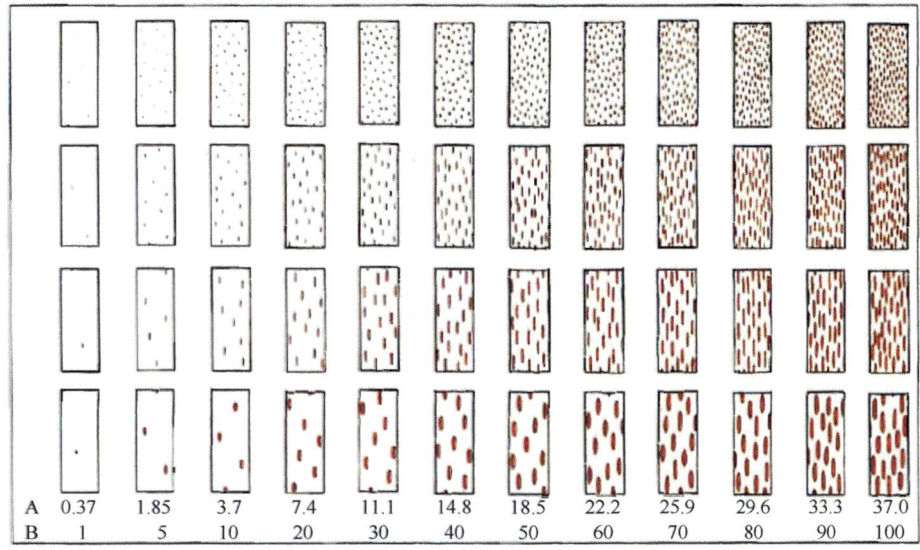

图 20.5　锈病评价等级（引自 Roelfs et al.，1992）
A. 锈病孢子的实际比例（%）；B. 在 Peterson 等（1947）基础之上，改进的锈病严重度的 Cobb 分级

参 考 文 献

Peterson, RF., Campbell, AB. and Hannah, AE. (1948) A diagrammatic scale for estimating rust intensity of leaves and stem of cereals. *Canadian Journal of Research* Section C, 496–500.

Roelfs, AP., Singh, RP. and Saari, EE. (1992) Rust diseases of wheat: concepts and methods of disease management. CIMMYT, Mexico, D.F. 81 pp.

延 伸 阅 读

Berry, PM., Sterling, M., Baker, CJ., Spink, J. and Sparks, D. (2003) A calibrated model of wheat lodging compared with field measurements. *Agricultural and Forest Meteorology* 119, 167–180.

Berry, PM., Sylvester-Bradley, R. and Berry, S. (2007) Ideotype for lodging resistant wheat. *Euphytica* 154, 165–179.

Kansas State University (1995) Spring freeze injury in wheat, modified from the Kansas State University Cooperative Extension Service publication C-646 revised March 1995. Available at: http://www.oznet.ksu.edu/library/crpsl2/C646.PDF (accessed 14 August 2011).

Texas Agricultural Extension Service (2011) Freeze injury on wheat. Available at: http://varietytesting.tamu.edu/wheat/docs/mime-4.pdf (accessed 14 August 2011).

Tripathi, SC., Sayre, KD., Kaul, JN. and Narang, RS. (2003) Growth and morphology of spring wheat (*Triticum aestivum* L.) culms and their association with lodging: effects of genotypes, N levels and ethephon. *Field Crops Research* 84, 271–290.

Tripathi, SC., Sayre, KD., Kaul, JN. and Narang, RS. (2004) Lodging behavior and yield potential of spring wheat (*Triticum aestivum* L.): effects of ethephon and genotypes. *Field Crops Research* 87, 207–220.

Warrick, BE. and Travis, DM. (1999) Freeze injury on wheat. Texas Agricultural Extension Service.

Zuber, U., Winzeler, H., Messmer, MM., Keller, M., Keller, B., Schmid, JE. and Stamp, P. (1999) Morphological traits associated with lodging resistance of spring wheat (*Triticum aestivum* L.). *Journal of Agronomy and Crop Science* 182, 17–24.

（任　勇　译）

第六篇

综合建议

第二十一章　良好田间操作的通用建议

Alistair Pask, Julian Pietragalla

对于研究者，有一个明确的试验目的，对正确地选择最佳试验设计、取样方法和测量方法非常重要。为了确保试验计划精细，对于准确的和可重复的田间测量还需要考虑时间和资源的可利用性。

（一）种质生理性状试验设计

选择目标环境：根据试验环境的条件（如温度分布、日辐射量、降雨量、海拔、土壤类型等）设计最佳处理（如播种期、田间管理等）。最好是在同一目标环境内选择不同地点设置重复试验

选择种质：选择试验材料时应该考虑以下方面：①对于目标环境的一般适应性；②可接受的物候范围；③可接受的农艺性状类型；④抗病性和抗虫性；⑤遗传和性状的多样性；⑥除非试验需要，不要有矮秆（*Rht*）、光周期（*Ppd*）或生长习性（*Vrn*）等基因的差异；⑦性状变异小可能影响分析（如株高）

品系数量：在对性状进行大范围遗传多样性初步观察的基础上，在接下来的生长周期，可以大幅度减少进行覆盖全范围的遗传多样性详细观察的品系的数量

小区数量和类型：根据试验目的，设置基因型、处理和重复的数量。重复试验设计用于测定详细的表型数据（如拉丁方设计），或者有重复对照（如本地对照）的非重复试验设计用于快速扫描大群体。还包括试验周围的保护行，以减小外部环境影响

试验实施：田间试验实施的一致性对减少小区间的误差至关重要。包括：农艺措施的一致性（如播种深度、种子质量、可用水分、病虫害防治）；避免邻近影响（如树和建筑物的遮荫）；梯度的考虑（如沿着斜坡的区组处理）；行向（如典型的南/北走向可减少小区间相互遮荫影响，特别是当太阳角度较低时）和减少土壤异质性（如利用田间最好和最一致的部分进行胁迫处理，因为这些试验对地点变化最敏感）

小区大小：每个小区应该包括足够数量的作物材料，以最大程度地确保数据的准确性（通过减少由于不受控制的变量和边际效应引起的变异），也可以在邻近小区间进行独立的处理（如水、肥和/或杀虫剂的施用，以及收获）。小区太小将增加小区间的变异，但小区的最佳面积需要根据田间经验和科学判断来确定

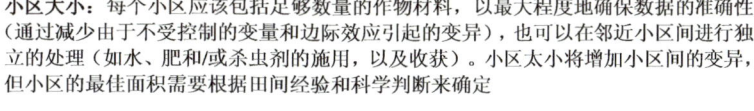

分析和阐释：数据的评价包括以下方面：①目的性状表现的显著性和一致性；②性状表现和基因型之间的关联。解释时应注意，性状间的关联可能受不同遗传因素的影响，如非纯合群体在物候学和植株类型等方面的差异

（二）取样和样品选择

在整个取样过程中，对植物材料采用统一的选择标准，获得无偏差和有代表性的作物茎秆、植株或某一部分的样品，是至关重要的。应该考虑以下几点。

应该采取的做法	不能采取的做法
选择一个能最大程度确保数据准确性的样本大小。应考虑重复数、可变因素、小区间变异性、准确性的期望度、试验设计和资源的可利用性	不要在小区边际取样（如小区的边行或端行，有代表性的应大于或等于50cm），因为这些植株的生长不具有代表性。重复取样时，应在不同样品间留出适当的间隔（图21.1，图21.2）
随机取样：①从基部而不是从顶端或穗子选择茎或植株，以避免选择偏差（如叶绿素含量）；②或通过样方或随机选择行（如当季生物量）	不要在小区中没有代表性的地方取样（如设施较差和/或长势明显较差/较好的地方）。这些区域应该在作物生长早期标记出来，以便在生长后期鉴别
系统取样：①根据预定的取样位置，通过计算选择茎或植株（如每第10株取样）；②或在田间或小区内，根据预定的距离选择取样范围	不要在不具有代表性的田块或小区选择茎、植株或取样区域。通常应避免用肉眼选择样品（除非样品明显不具有代表性）
当不能使用整个样方取样时（如由于时间或人力限制，为了减少空间/资源的需求），请使用二次抽样和随机取样方法（图21.3）	不要局限在小区的某一个区域取样。样品分布应该尽可能涵盖整个小区（如一垄两行设计，应在所有行/两垄上均匀取样）

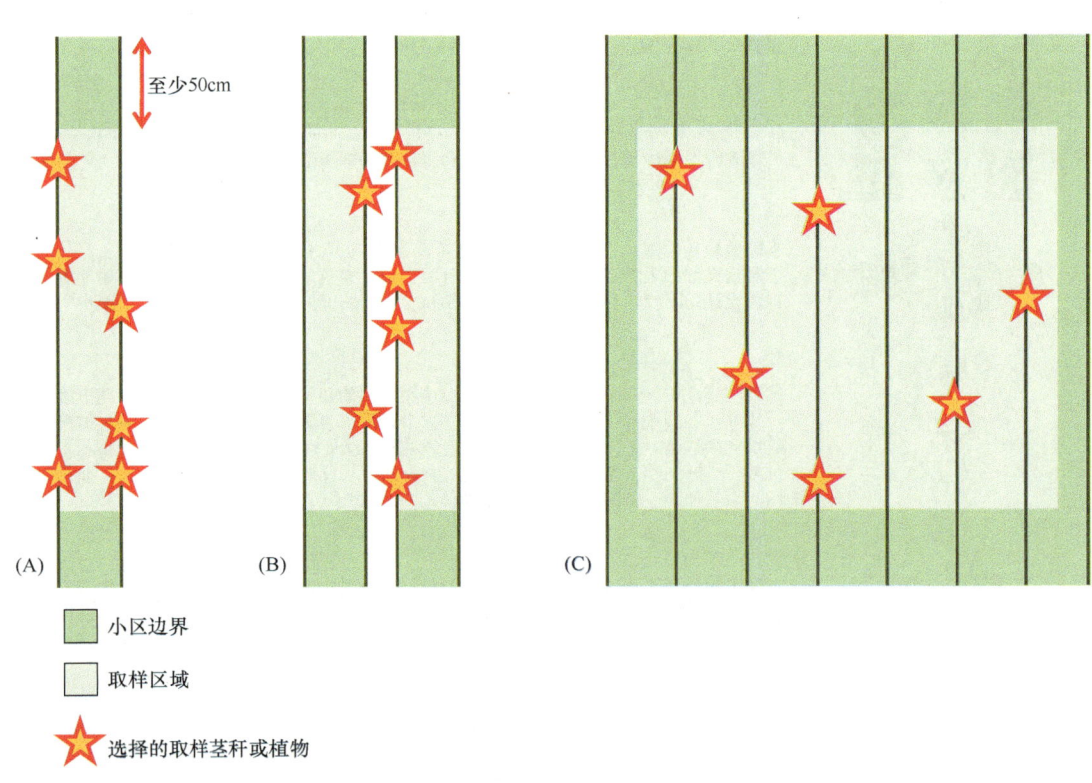

图21.1 不同种植方式下随机取样（茎秆/植株）
A. 一垄两行；B. 两垄，每垄两行；C. 平地八行

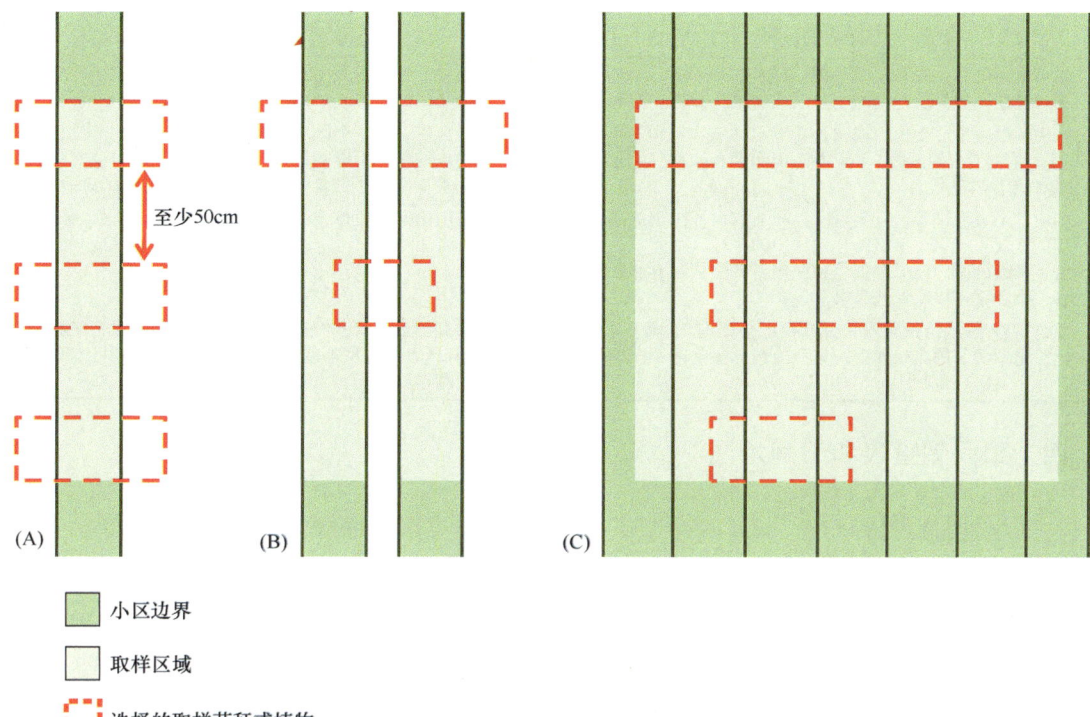

图 21.2 不同种植方式下随机和系统的样方取样
A. 一垄两行；B. 两垄，每垄两行；C. 平地八行

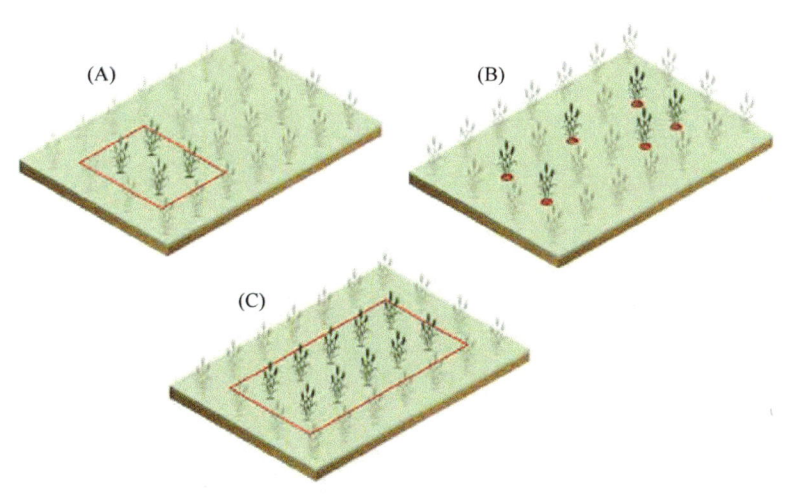

图 21.3 取样方法
A. 样方取样；B. 随机取样；C. 区域取样

（三）进行测量和观察

接下来应该考虑测量、观察和结果的准确性和代表性。在整个测量过程中采用统一的方法至关重要。当使用仪器时，也要根据综合建议正确使用仪器（参见第二十二章）。

应该采取的做法	不能采取的做法
尽可能精确和一致地取样/测量,减少试验误差,增加数据可比性,减少品种间的差异以增加统计分析的准确性	在取样时不要更换调查人/仪器操作者。在一个取样事件或试验单元(如重复或区组),同一个人进行所有测量非常重要
按照标准程序并全面培训调查者/操作人员(特别是主要负责测量/调查的人员)。记得在田间调查表格上记录调查者/操作者的姓名	不要只测量一次。每个小区应该有两个或更多的值并进行比较,以便快速发现不正确的值、误差和仪器故障,并将相应的值去掉。重复测量是必要的(当读数误差>10%时)
当对一个大型试验进行测量时,应考虑可能出现的不准确的读数。可将大型试验分割成小的区域(如重复、区组、行或列),以减少误差和操作者的疲劳。有必要配备一个助手,以便发现错误	不要忘记带上田间试验排列图,并分别给每个小区做上标签,以帮助调查者/科学家定位。确保每一个采样事件完成一个田间记载表
熟悉调查/测量的预期值和仪器在每个处理/环境(各章已给出示例)的典型读数。记得检查标签上的小区编号	如果没有掌握测量方法,没有提前准备好仪器,没有足够田间操作时间,或者实验室不能保证试验连续进行(如叶水势),则不要开始测量

(四)田间调查表和田间地图

田间调查表应包括:试验名称,取样时间,环境(如灌溉、干旱或热环境等)和/或处理,植物生长阶段,科学家/操作者/调查者的姓名,调查开始和结束时间,环境观测(如空气温度、相对湿度等)及任何与调查的观测结果相关的信息(如风、作物长势等)(表21.1)。

表21.1 冠层温度田间调查样表

冠层温度田间调查表									
试验名称:	生理					开始		结束	
日期:	2011.3.20			时间:		11:30		12:00	
环境:	灌溉			空气温度:		32.8		33.4	
物候期:	营养生长期			相对湿度:		34		33	
科学家:	J.P.和M.R.								
观察:微风,IRT需要更换电池									
41.	42.	43.	44.	45.	46.	47.	48.	49.	50.
40.	39.	38.	37.	36.	35.	34.	33.	32.	31.
21.	22.	23.	24.	25.	26.	27.	28.	29.	30.
20.	19.	18.	17.	16.	15.	14.	13.	12.	11.
1. 25.8 25.6	2. 25.4 25.3	3. 26.1 26.0	4.	5.	6.	7.	8.	9.	10.

注 "表格能够让数据记录更有效和便于管理,也要记录作物、地点和环境等重要信息

(五)作物、地点和环境信息记录

在整个试验周期及测量/观测过程中,作物的观测数据、地点和环境对帮助分析和解释生理数据是非常重要的,并且可能帮助识别和解释数据的异常(表21.2)。

(1)作物

健康: 一个健康的试验作物是必不可少的,以确保在特定环境下,某一基因型的产量潜力数据的准确性。记录:病、虫、草害的发生频率(包括鉴定日期和严重度)。

生长发育：播种和出苗日期，并定期记录各发育阶段，特别是抽穗期、开花期和生理成熟期。

表 21.2　田间试验记录样表

产量试验记录	CIMMYT全球小麦项目和 ICARDA/CIMMYT小麦改良项目
国家：	试验 编号：
省、市：	事项：
县/市或镇：	年份：
农场或试验站：	种植圃名称：
研究所(单位名称)：	合作者编号：
E-mail：	地点编号：

纬度　度　分　北或南　　经度　度　分　东或西　　海拔　高于海平面
研究所 □□ □□ □　　　　　　□□ □□ □　　　研究所 □ m
试验点GPS □□ □□ □　　　　□□ □□ □　　　试验点GPS □ m

基本信息

播种日期　日 □□　月 □□　年 □□□□　稀疏 □　正常 □　偏密 □

作物的标准密度
非特殊情况下，保留一位小数点 □

出苗情况

日期　日 □□　月 □□　年 □□□□　与常年情况相比：偏早 □　正常 □　偏迟 □
出苗推迟是否由于土壤干旱引起(Y/N) □

收获　开始日期　日 □□　月 □□　年 □□□□　　结束日期　日 □□　月 □□　年 □□□□

小区规格　　　播种　　　　　　　收获　　　　　如果播种行距不同
　　　行数 □　　　　　行数 □　　　　小区播种面积 □ m^2
　　　行长 □ m　　　　行长 □ m　　小区收获面积 □ m^2
　　　行距 □ cm

产量　g/区 □　　kg/区 □　　kg/hm^2 □

问题对照表

	叶部病害	根部病害	穗部病害	虫害	鸟害	除草剂危害	杂草	倒伏	冰雹危害	穗部霜冻
无	□	□	□	□	□	□	□	□	□	无 □
偶发	□	□	□	□	□	□	□	□	□	偶发 □
轻微	□	□	□	□	□	□	□	□	□	轻微 □
中等	□	□	□	□	□	□	□	□	□	中等 □
严重	□	□	□	□	□	□	□	□	□	严重 □

如果杂草中等或严重发生，请指明主要杂草种类：

其他评论、问题和观察到的植物受胁迫现象（天气除外）：

天气（总的评论，与正常年份的差异）：

试验地前茬
　　自然或改良的草地 □
　　无杂草的休耕地 □
　　有杂草的休耕地 □
　　作物 □　　　特殊群体 □

当地对照
　　名称 □
　　作物种类 □

表 21.2　田间试验记录样表（续）

产量试验记录	CIMMYT全球小麦项目和 ICARDA/CIMMYT小麦改良项目

种植圃名称 □　　事项 □　　合作者编号 □

是否施肥(Y/N) □

施用时间	日	月	年	施肥量 kg/hm²	%N	%P$_2$O$_5$	%K$_2$O	其他成分
第1次								
第2次								
第3次								

除草剂(Y/N) □　如果是，指出使用产品 _____
杀菌剂(Y/N) □　如果是，指出使用产品 _____
杀虫剂(Y/N) □　如果是，指出使用产品 _____
其他化学药剂(Y/N) □　如果是，指出使用产品 _____

土壤

分类 _____　　有机物% □

土壤质地	土壤pH	是否铝超标(Y/N) □	根障碍
砂土	不清楚	如果是	有
砂壤	>8	地表	没有
轻壤	7.1~8	下层土	不清楚
中壤	5.6~7	合计	
重壤	4~5.5	不清楚	如果是，深度 ___ cm
黏土	<4		
其他	或		
如果是其他类型，请指出	实测值		如果没有，根的深度 ___ cm

其他已知的微量营养毒素/缺乏(是/否) □　如果是，请指出 _____

作物有效用水量

是否灌溉(Y/N) □　如果是，播种前灌溉次数 □　　播种后灌溉次数 □

播种时根部区域储藏的可利用水分（除去播种前灌溉的水分） ___ mm
播种前灌溉用水 ___ mm
从播种到成熟的降水量 ___ mm
播种后灌溉用水 ___ mm
有效水总量 ___ mm

收获前12个月降水量

收获前月份	月	年	降水量(mm)
11			
10			
9			
8			
7			
6			
5			
4			
3			
2			
1			
收获月份			
总降水量			

　　胁迫影响：在试验条件下进行环境胁迫的结果，如干旱、热害及其互作。
　　损害：由于天气（如霜冻），环境（如干旱、倒伏），虫害（如蚜虫、鸟害）或病害（如锈病）等引起的损害。

管理：化肥、除草剂、杀虫剂和杀菌剂的施用可能会影响作物生理状况（如植物气体交换）。因此，这些记录对取样/测量计划是必不可少的。

（2）地点

位置：地点名称和物理位置，即纬度和经度坐标。

信息：土层深度、结构、毒性、有机质含量、水分分布、养分含量和根系的物理障碍，以及梯度，如土地斜率等，应在播种前/时明确。

前作：近三年种植的作物。

可用水：播种时的水分情况，降水和灌溉的投入。

（3）环境

气象：应尽可能采用接近试验地点的气象数据，最好在作物生长周期内逐日记录以下内容。

1. 温度：最低、最高和平均温度（常根据最低和最高温度估算平均温度）。
2. 降雨量/降水量。
3. 日照时间/太阳辐射。
4. 相对湿度。

测量/观测过程中的环境条件：记录可能影响作物生理和/或测量的条件，风（如微风或中度风量）或云（如有云）等。

（任　勇　译）

第二十二章 常用仪器介绍

Julian Pietragalla, Alistair Pask

(一) 正确使用仪器

仪器的品牌和型号不同，使用方法也不同。请参阅相关仪器使用手册的具体信息（模式、测量和数据下载等），下面是进一步的细节和说明。

正确的做法	不正确的做法
确保操作者在去试验地之前熟悉仪器的功能、测定数据的正确方法和预期读数。有必要接受有经验的熟练使用者的建议和培训，并阅读用户指南	在仪器与环境温度和相对湿度平衡之前不要使用，因为这可能会影响校准和测值。将仪器从保护盒中取出，打开电源，至少等待10min才能开始使用。
确保测量的连续性，这非常重要。特别是要确保仪器在使用前正确校准（有时在使用过程中需要再次校准）。在测量过程中要仔细观察数据，以避免错误数据及同一小区内的数据差异过大	在使用之前不要让仪器暴露在太阳光/热直射的地方，因为这样会影响校准并可能导致错误读数（特别是黑色外壳的仪器）。当测量空气温度和相对湿度时，应背对太阳以保证在测量过程中仪器不直接暴露在阳光直射下
确保正确的电池类型、大小和电极。在使用前将电池充满（注意，可能需要通宵充电）。带上备用电池以确保测量过程不中断	不要在超过仪器特定的温度和相对湿度环境下使用仪器，因为这样可能导致测量错误（查阅用户指南有关说明）。过高的温度和湿度可能导致仪器的永久性损坏（请注意，仪器通常不防水）
确保同一个区组使用相同的仪器。如果有多个仪器可用，请交叉比较以确保它们的读数相似	使用后不要随便搁置仪器。记住要清洁仪器，将其放回保护盒，以及设备储藏室。确保每种仪器储存洁净、干燥、无粉尘，并在正确的保护盒中，这是非常重要的
确保数据在日后容易解释/处理。例如，测量时，数据记录器仅记录基本信息，在每节末尾需要两个空白读数作为"结束标记"	在使用过程中发现仪器出现异常或问题，不要随便搁置故障仪器。需要将仪器返回工厂/专家进行维修和/或重新校准。这可能需要数周或数月

(二) 样品干燥

样品干燥到绝对干重（DW），即水分含量0%是很重要的。绝对干重是指在60~75℃，经通风良好/强制通风的干燥烘箱（图22.1A）烘干（通常至少48h）后保持恒重的样品质量（表22.1）。

干燥样品时：
- 不要将新鲜样品与干燥样品混合。
- 合理利用烘箱及其空间摆放样品。
- 使用无风烘箱干燥敞口容器中的样品（如土壤水分样品；图22.1B）。
- 根据样品类型、预计的含水量和烘箱的容量设置烘箱的温度和时间。

烘干用于养分和/或代谢物分析的样品的注意事项：
- 用于测定N、P、K和水溶性碳水化合物的生物样品在60~75℃烘干。
- 长时间在高烘干温度（>90℃）下可能会影响营养成分。一些特定的代谢物分析（如酶、蛋白质等），要求样品冷冻干燥或在一个精确的温度和持续时间内加热干燥。

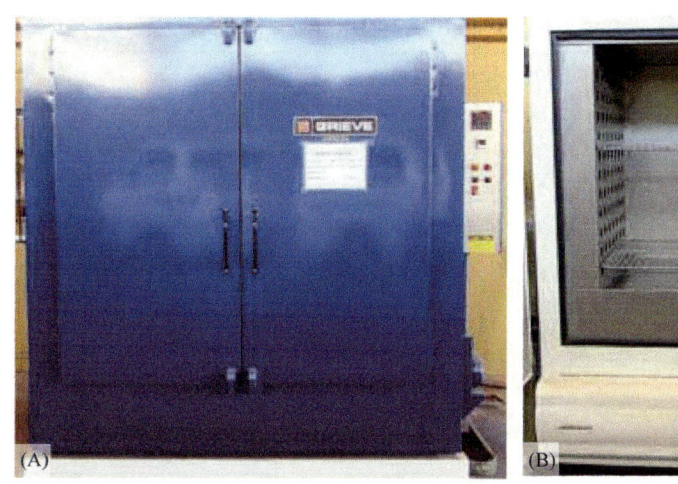

图 22.1 干燥烘箱

A. 大容量强制通风烘箱；B. 小容量无风烘箱（适合烘干敞口容器中的样品，如土壤水分样品）

表 22.1　测定干重通常所需的干燥温度和时间

材料	温度（℃）	时间（h）
叶片相对含水量	60~75	24
籽粒水分*	60~75	24~48
生物量（成熟期）	60~75	48
根系生物量	60~75	48
生物量（出苗至灌浆）	60~75	48~72
土壤水分（质量法）	105	48

注：请注意，根据烘箱的干燥能力，干燥时间可能会有所不同

* 注意，可能会用于进一步试验的种子不能烘干，因为将种子在大于 40℃和/或长时间烘干时，种子活力会降低

（三）样品的精确称量

准确记录样品材料的质量是必要的。不良的称重技术和/或错误使用天平会造成明显的数据错误：一致性的错误（如没有去除袋子的"皮重"）或随机错误（如烘干样品冷却不均匀）。

请注意，所有的天平对环境变化都是敏感的，实验室天平（精密天平和分析天平）比田间天平或秤（如用电池台式天平或弹簧机械秤）更加敏感。请参照制造商的安装说明，同时：

- 保持水平（使用内置的水准仪）。
- 保持台面稳定无振动（如混凝土基座）。
- 避免靠近加热器、烘箱或空调。
- 避免阳光直射和空气流动。
- 避免与高功耗电器共用电源（如微波炉）。

应根据容量和精度要求选择天平类型（表 22.2；图 22.2）。经常发现在不适当的天平上称量样品的现象（如用一个低精密天平分开称量 20 个茎秆的重量，而不是用一个高精密天平称量）。

表 22.2 称量不同样品的天平类型和最小精度建议

样品	典型质量（g）	天平类型	最小精度（g）
2m² 小区籽粒质量（鲜重）	>1000	工业/零售台秤	5
2m² 小区生物量（鲜重）	>1000	工业/零售台秤	5
100 个茎秆子样品（鲜重）	500	低精密天平	1
100 个茎秆子样品（干重）	200	中等精密天平	1
子样品籽粒质量	50	高精密天平	0.1
土壤水分（100g）	30	高精密天平	0.1
20 个茎秆生物量（干重）	20	高精密天平	0.01
200 个籽粒鲜重和干重	10	高精密天平	0.01
叶片相对含水量	<2	半分析天平	0.001
根系生物量（100g）	<2	半分析天平	0.001

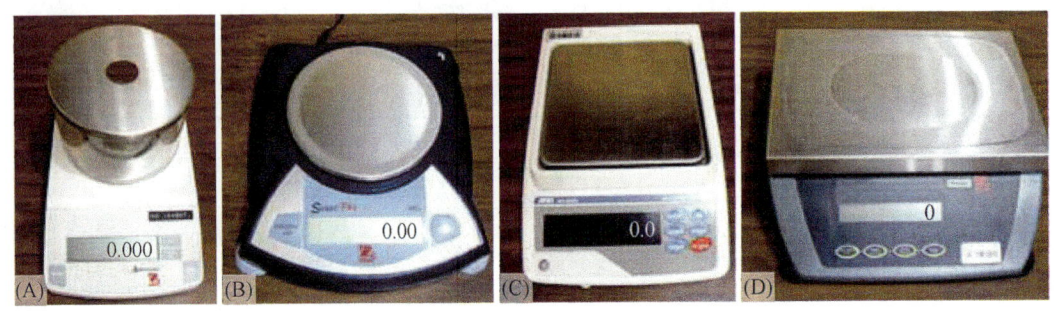

图 22.2 测量生理指标的天平类型
A. 半分析天平（三位小数）；B. 高精密天平（两位小数）；C. 中/低精密天平（一位小数）；
D. 工业/零售台秤（整数）；单位为 g

当称量样品时：

- 不要直接称量从烘箱里拿出的热样品，称量前需冷却至室温，以避免不准确的读数和/或损坏天平。
- 不要让烘干的样品返潮。一旦干燥后，样品将随着时间推移趋向于环境湿度（可能为数小时至数天，这取决于样品的相对湿度和类型）。
- 需要精确称量的样品干燥后应保持在干燥器内（仅适用于微量样品）。
- 将样品质量均匀分布在整个天平托盘上。
- 对于小样品（<20g），小心地从容器（即袋子、信封等）中清空样品并放入一个特定的称量容器内（记住，应从总质量中减去称量容器的质量）。
- 对于 >20g 的样品，保持在原来的容器内以避免损失（记得要去除容器的"皮重"）。

1. 去除容器质量

- 当称量容器内样品时（如袋子、信封、试管等），记得首先去除"皮重"，从总质量中减去容器的质量从而得到样品的质量。这通常适用于 >20g 的样品。
  要做到以下几点：
- 选择一个空的、一致的容器（即来自于同一箱/包；如果有通风孔/缝钉等，应保持一致）。

- 在烘箱中将空容器与样品一起进行干燥（相同的干燥时间）。
- 在称量样品前，将空容器放在天平托盘上，然后按下"归零"/"去皮"按键。
- 这时，空容器放在天平托盘上时，应该显示为 0，或者空容器取下时显示负数（此时托盘是空的）。
- 请注意，个别容器的质量可能会略有不同。确保选择一个好的、有代表性的容器"去皮"。

可供选择的去除容器皮重的方法：①减去容器的平均干重（用超过 10 个容器的质量得到平均值）；②或称量单个容器（用于测量土壤含水量的铝盒，见本书第十七章）。

（四）常用的量程和单位

建议所有测量保持统一的单位制；通常是十进制（表 22.3，表 22.4）。

表 22.3 常用计量单位

倍数	面积/长度	质量
1 000 000	—	吨（t）
10 000	公顷（hm^2）	—
1 000	—	千克（kg）
1	米/平方米（m/m^2）	克（g）
0.01	厘米（cm）	—
0.001	毫米（mm）	毫克（mg）

表 22.4 数据表示的常用单位

样品	测量	表示为
籽粒产量和生物量	克/小区	克/平方米（g·m^{-2}）或吨/公顷（t·hm^{-2}）
茎和作物组成部分干重（如叶片、叶鞘和茎秆）	克/20 茎子样品	克/平方米（g·m^{-2}）或克/茎（g·茎$^{-1}$）
根生物量	克/克（土壤）	克/立方厘米（土壤）（g·cm^{-3} 土壤）

（五）仪器型号建议

在大部分章节已经提到具体仪器的参考信息。涉及的产品及品牌仅供参考，并不代表由 CIMMYT 代言。报价仅作为参考，价格会根据配件、功能、税收和海关收费有所不同。表 22.5 提供了建议仪器型号的细节。

表 22.5 建议的仪器型号（2011 年 8 月可用网址）

仪器	品牌	型号	测量水平	网址
植物冠层分析仪	Delta-T Devices Decagon Devices	SunScan System, and SS1 AccuPAR LP-80	冠层 冠层	http://www.delta-t.co.uk/ http://www.decagon.com/
叶绿素荧光仪	Opti-Sciences Qubit Systems WALZ Hansatech Intruments	OS1-FL, and OS-30p Z990 FluorPen PAM-2500, MINI-PAM FMS 2, Pocket-PEA	叶片 叶片 叶片 叶片	http://www.optisci.com/ http://www.qubitsystems.com/ http://www.walz.com/ http://www.hansatech-instruments.com/

续表

仪器	品牌	型号	测量水平	网址
叶绿素仪	Minolta Field Scout Opti-Sciences Hansatech Intruments Apogee FT Green，LLC Qubit Systems	SPAD 502 Plus CM 1000 CCM-200 CL-01 CCM-200 At Leaf Z955 Nitrogen Pen	叶片 冠层 叶片 叶片 叶片 叶片 叶片	http://www.specmeters.com/ http://www.specmeters.com/ http://www.optisci.com/ http://www.hansatech-instruments.com/ http://www.apogeeinstruments.com/ http://www.atleaf.com/ http://www.qubitsystems.com/
红外测温仪	Sixth Sense Mikron Extech	LT300 MI-N14 42540	冠层 冠层 冠层	http://www.instrumart.com/ http://www.mikroninfrared.com/ http://www.extech.com/instruments/
叶面积仪	Licor CID Bio-Science Delta-T Devices	LI-3100C，and LI-3000C CI-202，and CI-203 WinDIAS 3	叶片 叶片 叶片	http://www.licor.com/ http://www.cid-inc.com/ http://www.delta-t.co.uk/
叶片气孔计	Delta-T Devices Decagon Devices	AP4 SC-1	叶片 叶片	http://www.delta-t.co.uk/ http://www.decagon.com/
归一化植被指数（NDVI）传感器	NTech Industries Holland Scientific Field Scout Qubit Systems	GreenSeeker Hand Held Crop Circle Handheld CM 1000 NDVI Z950 NDVI	冠层 冠层 冠层 叶片	http://www.greenseeker.com/ http://www.hollandscientific.com/ http://www.specmeters.com/ http://www.qubitsystems.com/
光合作用系统	LI-COR PP Systems CID Bio-Science WALZ ADC	6400-XT CIRAS-2 CI-340 GFS-3000 LCpro-SD	叶片/植株 叶片/植株 叶片 叶片 叶片	http://www.licor.com/ http://www.ppsystems.com/ http://www.cid-inc.com/ http://www.walz.com/ http://www.adc.co.uk/
小区联合收割机	Wintersteiger Almaco	Classic PMC 20，SPC 20	小区 小区	http://www.wintersteiger.com/ http://www.almaco.com/
样品磨（研磨机）	UDY Corporation IKA FOSS Thomas Wiley	Cyclone MF 10.1 Cyclotec 1093 Model 4，and Mini	籽粒/生物质 籽粒/生物质 籽粒/生物质 籽粒/生物质	http://www.udyone.com/ http://www.ika.net/ http://www.foss.dk/ http://www.thomassci.com/
Scholander 压力室	Soil moisture Equipment Corp. Skye PMS Instrument Company	3000 Series，and 3005 Series SKPM 1405/50 Model 600	叶片 叶片 叶片	http://www.soilmoisture.com/ http://www.skyeinstruments.com/ http://www.pmsinstrument.com/
种子计数器（自动）	Seedburo Pfeuffer	801 Count-A-Pak CONTADOR	籽粒 籽粒	http://www.seedburo.com/ http://www.pfeuffer.com/
种子计数器（人工）	Seedburo	Placement Trays	籽粒	http://www.seedburo.com/
土壤取样器套装（电动锤）	Eijkelkamp Agrisearch Equipment	Percussion drilling set with light electrical percussion hammer	土壤/根	http://www.eijkelkamp.com/
土壤取样器（装在拖拉机上）	Giddings Soil Sampling Co	#15	土壤/根	http://www.soilsample.com/
光谱仪	Spectral Evolution Ocean Optics PP-Systems CID Bio-Science	PSR-2500 JAZ UniSpec SC，and UniSpec DC CI-700（leaf clip ready）	冠层/叶片 冠层/叶片 冠层/叶片 叶片	http://www.spectralevolution.com/ http://www.oceanoptics.com/ http://www.ppsystems.com/ http://www.cid-inc.com/
光谱辐射仪	ASD Inc Spectral Evolution	FieldSpec 3，AgriSpec，and HandHeld 2 PSR-2500，and SR-1100	冠层/叶片 冠层/叶片	http://www.asdi.com/ http://www.spectralevolution.com/
脱粒机	Almaco	SBT and LPT	小区/成捆样品	http://www.almaco.com/
蒸气压渗透仪	EliTech Group – Wescor	VAPRO 5600	组织汁液	http://www.wescor.com/

（任 勇 译）

附录一 术 语 表

开花期：指植物产生花粉，开始结实的时期。由于小花的浆片膨胀使外稃与内稃分开，从而使花药伸出。

品种：通过商业化释放、种植和栽培的，具有符合人们需求的性状特征的小麦群体。

早代选择：对于具有较好相关性和中到高度遗传力的性状，可以在育种早期淘汰表现差的材料。早代选择可以在早期鉴定大量的材料，节省时间和资源，选择最具潜力的材料。

传统耕作：将土壤表层和作物残茬与营养体进行翻耕，打破土壤表层的精细耕作。

发育阶段：小麦发育分为三个关键阶段：①营养生长阶段（从发芽至顶端小穗出现）；②生殖生长阶段（从顶端小穗出现至开花期结束）；③灌浆期（从开花期结束至生理成熟）。

生育期：小麦植株的生长发育进程被划分为 10 个关键时期，这些关键时期标志着作物生命周期中的重要变化（见 Zadoks 分类方法，本书第十四章）。

干重：指植物材料在 60~75℃ 的通风烘箱中连续烘干 48h 后的恒重。

有效茎：指可能抽穗（在 GS30~GS50 期），或者孕穗（GS50 期之后）的茎。

基因型：是指在遗传上具有一致性的小麦植株/作物，通常参照亲代的某一特定性状。

随机取样：在田间一个小区内随机抓取样品材料，取样范围要考虑到所有收获行，直至取样植株/茎达到所需数量或质量。这种方法可以减少田间样品体积。

收获指数：籽粒产量与地上部分生物产量的比值。

少耕：通过有限的机械耕作次数，实现土壤翻转和杂草控制，将多数作物残茬留在土壤表面或表层。

物候期：指在植物生命周期中发生的事件（如始花期）。

表现型：指小麦植株/作物可观察性状的总和，如其形态、生长发育、生化和生理特性。表现型是基因型和环境互作的结果。

光合有效辐射：指植物可以用于光合作用的光谱比例，其波长在 400nm（蓝光）至 700nm（红光）之间。

植物水分状况：描述植物/叶片含水量与最佳生长需水量的关系。

群体：指用于育种或试验目的的一个小麦集群，通常来自于共同的亲本（如 F_1 群体）。

衰老：由于老化、病害或环境胁迫引起的光合组织失绿。

库容量：指籽粒利用光合作用同化物的能力。

太阳正午：在一天中太阳处于最高位置的时刻，将太阳相对于地平线的角度（90°）定义为天顶角（计算某些冠层结构的参数时所需，如叶面积指数；记录经纬度、日期和测量时间也是很重要的）。

源：植物/作物通过光合作用产生同化物的能力。

拔节期：茎节间伸长的时期。顶端小穗出现后（在显微镜下可见），第一节间变得可见并逐渐伸长。

气孔：是植物叶片和茎秆表面的开孔，用于气体（即二氧化碳和氧气）交换。

胁迫：影响作物产量的负面压力（如干旱、热害）。

胁迫适应：植物/作物减少或抵抗某一特定环境胁迫负面影响的能力。

子样品：从田间带到实验室的样品。可以在实验室进行更准确的处理和称量。

分蘖：植物的侧面分枝，不包括主茎。

性状：植物/作物的具体特征（如根的深度）。

蒸腾作用：植物表面散失水分的现象，主要是通过气孔失水。

蒸腾效率：植物固定 1g 二氧化碳所蒸腾的水分（计算公式为光合产物量/蒸腾失水量，即 A/T），等同于叶片水平上的水分利用效率。

蒸气压差：指饱和蒸气压与实际空气压之间的差异。

活力：是描述种子、植株或器官生长能力的术语。

水势：描述植物体内水分能量状态的一个参数；是重力、溶质势、渗透势和压力势的总和。

水分吸收：在一段时期内植物/作物吸收/消耗的水分总量。

水分利用效率：植物固定 1g 碳（从生理角度）或生产 1g 籽粒产量（从农艺角度）所消耗的水分。

产量潜力：指某一适宜的基因型在最佳管理和没有生物胁迫条件下的产量。

植物的组成部分和植物器官

植物的分蘖（即来自于植株基部的分枝）可以分开，从而鉴别出主茎（即从土壤中萌发的初生茎，它可以产生分蘖），并从其余的分蘖中鉴别出第二茎和第三茎（根据品种和环境的不同，通常有 3~10 个分蘖）。每个茎（即小麦植株的地上茎秆）可被划分成不同的组织器官，见下图。

A. 芒　小麦外稃的细长延伸部分，麦穗上的毛发状突出物。

B. 麦穗　位于茎秆顶部，由小穗组成，其中包括小花/种子，见穗子的详细构成。

C. 穗下节　茎秆最上部的节间（上部节和穗颈之间的部分）。

D. 旗叶　孕穗期茎秆的最上部叶片（叶鞘上方叶片扁平的部分），有上表面（近轴面）和下表面（远轴面）。

E. 叶鞘　叶片下部环绕和包围茎秆的部分。在叶鞘和叶片结合处有一个小叶耳。

F. 节　茎秆上着生叶片的部位。

G. 节间　茎秆上两个节之间的部分。

H. 茎　植物的中轴（也称为实茎）。

I. 下部叶片　幼苗发育后期产生的叶片。

J. 根颈　植株产生分蘖的部位。

K. 根　由种子根和次生根（或冠状根）组成。种子根由种子形成，通常能长到深达 120cm（春小麦）至 200cm（冬小麦）。次生根产自茎秆基部的节，位于上层土壤（<60cm），与分蘖相关。

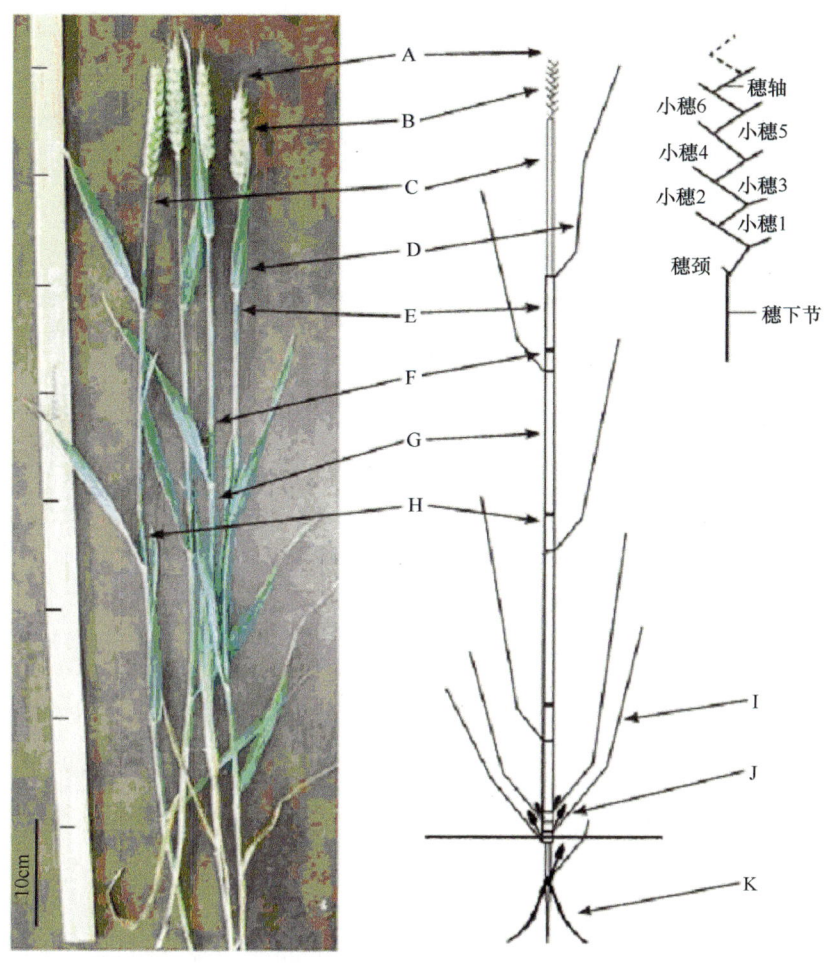

小麦植株的各部分——主茎及其构成器官

麦穗（插图）可进一步划分如下。

（1）开花期

花药：产生花粉的器官。
子房：含有胚珠的花器官（将发育成种子）。
小花：穗部的单个花（被外稃和内稃包围）。
颖：位于小穗基部的一对苞片。
穗轴：穗的主轴。
小穗：由一对颖片和一至多个小花组成。

（2）收获期

谷壳：除籽粒以外的穗部结构。
籽粒：种子（也称麦粒）。

附录二 缩略词

A	photosynthesis	光合作用
CCI	chlorophyll concentration index （0~99.9）	叶绿素浓度指数（0~99.9）
CGR	crop growth rate	作物生长速率
CHL	chlorophyll	叶绿素
CID	carbon isotope discrimination	碳同位素分辨力
CIMMYT	International Maize and Wheat Improvement Center	国际玉米小麦改良中心
CT	canopy temperature	冠层温度
DAE	days after emergence	萌发后天数
DAS	days after sowing	播种后天数
DAA	days after anthesis	开花后天数
DGC	digital ground cover	数字化地面覆盖度
DTM	days to maturity	全生育期
DW	dry weight	干重
ETR	electron transport rate	电子传递速率
F	light radiation intercepted	光辐射截获量
FW	fresh weight	鲜重
GAI	green area index	绿色面积指数
GB	grab-sample	随机取样
GLA	green leaf area	绿叶面积
G-NDVI	green normalized difference vegetation index	绿度归一化植被指数
GNO	grain number m^{-2}	每平方米粒数
GPS	grains per spike	穗粒数
GC	ground cover	地面覆盖
GS	growth stage （from Zadoks 'decimal scale'）	生长阶段（Zadoks 十进制代码）
HI	harvest index	收获指数
IR	infrared	红外线
IRGA	infrared gas analysis/infrared gas analyzer	红外气体分析仪
IRT	infrared thermometer	红外测温仪
K	canopy coefficient	冠层系数
LAI	leaf area index	叶面积指数
LWP	leaf water potential	叶片水势

NDVI	normalized difference vegetation index	归一化植被指数
NIR	near infrared	近红外
NIRS	near infrared reflectance spectroscopy	近红外反射光谱法
NPQ	non-photochemical quenching	非光化学淬灭
NPQI	normalized pheophytinization index	归一化脱镁叶绿素反应指数
NWI-1	normalized water index 1	归一化水分指数 1
NWI-2	normalized water index 2	归一化水分指数 2
NWI-3	normalized water index 3	归一化水分指数 3
NWI-4	normalized water index 4	归一化水分指数 4
OA	osmotic adjustment	渗透调节
OP	osmotic potential	渗透势
PAR	photosynthetically active radiation	光合有效辐射
PDA	palm top computer	掌上电脑
PDB	peedee belemnite	拟箭石化石
PI	pigment related index	色素相关指数
PRI	photochemical reflectance index	光化学反射指数
PS	photosystem (either I or II)	光系统（I 或 II）
Q	quadrat	样方
$RARS_a$	ratio analysis of reflectance spectra chlorophyll a	反射光谱叶绿素 a 比率分析
$RARS_b$	ratio analysis of reflectance spectra chlorophyll b	反射光谱叶绿素 b 比率分析
$RARS_c$	ratio analysis of reflectance spectra carotenoid	反射光谱类胡萝卜素比率分析
RGR	relative growth rate	相对生长率
RH	relative humidity (%)	相对湿度（%）
RLD	root length density	根长密度
R-NDVI	red normalized difference vegetation index	红度归一化植被指数
RUE	radiation use efficiency	辐射利用效率
$R:S$	root to shoot ratio	根冠比
RW	root dry weight	根干重
RWC	relative water content	相对含水量
RWD	root weight density	根重密度
SC	stomatal conductance	气孔导度
SIPI	structural independent pigment index	结构独立色素指数
SLA	specific leaf area	比叶面积
SNO	spike number m^{-2}	每平方米穗数
SPS	spikelets per spike	每穗小穗数
SR	spectral reflectance	光谱反射率
SRa	simple ratio a	简单比率
SRI	spectral reflectance indices	光谱反射率指数

SRL	specific root length	比根长
SS	sub-sample	子样品
T	transpiration	蒸腾作用
TDR	time-domain reflectrometry	时域反射
TE	transpiration efficiency	蒸腾效率
TGW	thousand grain weight	千粒重
VI	vegetation index	植被指数
VPD	vapor pressure deficit	蒸气压差
WI	water index	水分指数
WP	water potential	水势
WSC	water soluble carbohydrates	水溶性碳水化合物
WU	water uptake	水分吸收
WUE	water use efficiency	水分利用效率

（任　勇　译）